In 30 Minuten wissen Sie mehr!

Dieses Buch ist so konzipiert, dass Sie in kurzer Zeit prägnante und fundierte Informationen aufnehmen können. Mithilfe eines Leitsystems werden Sie durch das Buch geführt. Es erlaubt Ihnen, innerhalb Ihres persönlichen Zeitkontingents (von 10 bis 30 Minuten) das Wesentliche zu erfassen.

Kurze Lesezeit
In 30 Minuten können Sie das ganze Buch lesen. Wenn Sie weniger Zeit haben, lesen Sie gezielt nur die Stellen, die für Sie wichtige Informationen beinhalten.

- Alle wichtigen Informationen sind blau gedruckt.

- Schlüsselfragen mit Seitenverweisen zu Beginn eines jeden Kapitels erlauben eine schnelle Orientierung: Sie blättern direkt auf die Seite, die Ihre Wissenslücke schließt.

- *Zahlreiche Zusammenfassungen innerhalb der Kapitel erlauben das schnelle Querlesen. Sie sind blau gedruckt und zusätzlich durch ein Uhrsymbol gekennzeichnet, sodass sie leicht zu finden sind.*

- Ein Register erleichtert das Nachschlagen.

Inhalt

Vorwort

30 Minuten – eine halbe Stunde: das ist nicht viel. Und doch wird Heinrich Heine nachgesagt, er habe etliche seiner Gedichte in einer guten halben Stunde geschrieben. Eine halbe Stunde in einem Fußballspiel oder Tennismatch kann wiederum sehr lang sein. Eine halbe Stunde Joggen täglich ließe den „mittleren Ring" vermutlich völlig verschwinden. Und nach einem Unfall entscheidet eine halbe Stunde oft über Leben und Tod.
Warum sollte eine halbe Stunde also nicht auch einen Unterschied im Marketing von Trainern machen? Sie haben sich dazu entschlossen, diese halbe Stunde zu investieren.

Was wir mit dem Buch erreichen wollen:

1. Sie sollen einen ersten Überblick bekommen, was gutes Trainermarketing ausmacht.
2. Aus der Vielzahl der Möglichkeiten sollen Sie jene Strategien und Instrumente kennenlernen, die Sie direkt nutzen können.
3. Sie sollen einen ersten Schritt in Richtung professionelles Marketing gehen, um sich nicht auf reines Empfehlungsgeschäft verlassen zu müssen.

Denn gutes Trainermarketing* reduziert Ihre Abhängigkeit von Empfehlungen, von Großkunden und konjunkturellen Schwankungen. Wer mehr gefragt ist, als er arbeiten kann, der wird auch in Krisenzeiten nicht klagen können. Und der kann in Boomzeiten

wachsen, mehr verdienen – oder einfach wieder mehr Freizeit haben. Darum geht es: um Freiheit, Sicherheit und Wachstum.

Viel Freude beim Lesen!

Miriam Bauer und Giso Weyand

* Wir sprechen im Buch von Trainern. Alles Gesagte gilt aber gleichermaßen für Berater, Coachs, Interimsmanager und Vortragsredner.

1. Marketing für Trainer: Was gehört dazu?

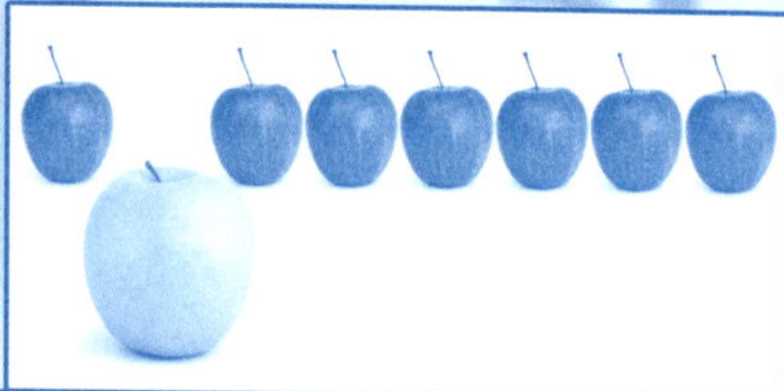

Wenn Trainer sich mit ihrem Marketing auseinandersetzen, denken sie oft zuerst: „Ich brauche eine neue oder bessere Internetseite“, „Ich müsste eigentlich viel mehr im Marketing tun“ oder „Entsprechen meine Visitenkarten überhaupt noch meinem Auftreten?“
Die ersten Überlegungen im Marketing gelten meist dem Marketingmaterial. Deshalb soll auch dieses Kapitel damit beginnen: Wie lässt sich der Auftritt gestalten? Auf welchen Wegen können sich Kunden über Sie informieren? Sie selbst bestimmen den Eindruck, den Sie als Trainer oder Trainingsunternehmen auf dem Markt erzeugen. Internetseite, Visitenkarte, Broschüre – was brauchen Sie eigentlich?
Hier zunächst ein Überblick über die verschiedenen Instrumente.

1.1 Die Basis

Die Basis-Instrumente – Geschäftsausstattung, Internetseite, Trainerprofil und Fotos – bilden die Grundlage für alle anderen Marketingmaßnahmen.

Die Geschäftsausstattung

Professionelles Briefpapier und Visitenkarten sind ein „Hygienekriterium“ im Trainergeschäft. Sprich: Kunden erwarten das und legen es negativ aus, wenn sie amateurhafte Internet-Visitenkarten und auf 80-Gramm-Standardpapier ausgedruckte Rechnungen erhalten. Je höher eine Leistung eingeschätzt werden soll,

desto hochwertiger muss auch die Ausstattung erscheinen – immer mit dem richtigen Gespür für Angemessenheit.
Dazu gehören neben Briefpapier und Visitenkarten auch entsprechende Briefumschläge, Adressaufkleber, Stempel und Briefkarten für kurze handschriftliche Mitteilungen.
Der Grafiker entwickelt für die gesamte Ausstattung ein Corporate Design, das die gestalterische Linie vorgibt – auch für die Internetseite, Präsentationen etc. Ist der gesamte Auftritt wie aus einem Guss, wirkt das sorgfältig und professionell. Der Grafiker kann Sie auch bei der Auswahl des Papiers beraten und hat meist gute Erfahrungswerte im Hinblick auf Formate, Stückzahl und all die kleinen Fragen, die sonst noch im Zusammenhang mit der Außendarstellung auftauchen.

Die Internetseite

Die Internetseite ist der wichtigste Weg zum Kunden. Ganz egal, ob Sie weiterempfohlen werden, Kontakte aktiv ansprechen oder in den Medien präsent sind – erst einmal wird jeder Interessent im Internet nach Ihnen suchen, um sich einen ersten Eindruck zu verschaffen und Ihre Kontaktdaten zu finden. Das Internet macht es einfach, sich unverbindlich zu informieren; deshalb ist die Hemmschwelle auch sehr viel niedriger als zum Beispiel bei einem Anruf. Somit ist die Chance groß, mit einem guten Web-Auftritt Aufmerksamkeit zu erzeugen.

Tipp: Der Claim
Bringen Sie Ihre Botschaft mit einem Claim auf den Punkt. Denn dank seines hohen Wiedererkennungswerts bietet der Claim eine effektive Möglichkeit aufzufallen. Das funktioniert genauso wie bei großen Marken: „Nichts ist unmöglich" – und sofort weiß jeder, welches Unternehmen dahintersteckt.

Das Profil
Ein ganz zentrales Element Ihres Auftritts ist das Trainerprofil. Denn in kaum einer anderen Branche ist die Persönlichkeit mit all ihren Erfahrungen so entscheidend. Viele nutzen dafür einen tabellarischen Lebenslauf – und befinden sich in guter Gesellschaft mit dem Wettbewerb. Und dabei ist gar nicht viel Aufwand nötig, um sich positiv abzuheben: Wer es nur ein bisschen anders macht, das Wesentliche hervorhebt, die prägenden Stationen spannend darstellt und dafür eventuell auf die lückenlose Aufzählung verzichtet, der kann hier punkten. Denn es geht ja nicht darum, einen Personaler im Hinblick auf eine Festeinstellung zu überzeugen, sondern zu zeigen, dass Sie bestimmte Aufträge gut erfüllen können.
Was zeichnet Ihre Arbeitsweise aus? Wie sind Sie zu Ihrer heutigen Tätigkeit gekommen? Was motiviert Sie, Trainer zu sein? Genau diese Aspekte interessieren die Kunden, weshalb Sie es im Profil ruhig als Erstes erwähnen sollten. Und noch ein Trick: Lassen Sie auch das Profil im Corporate Design gestalten – ein kleiner, aber ins Auge stechender Unterschied. Ein Beispiel: das Profil von Birthe Hora.

BIRTHE HORA

Curriculum vitae

Geboren 1967 in Wiesbaden, verheiratet

Gelernte Versicherungskauffrau und Diplom-Betriebswirtin

Arbeitssprachen: Deutsch und Englisch

Leistung: Beratung – und Verantwortung für die Ergebnisse übernehmen = Management auf Zeit

Mein Ziel: die Umsetzung Ihrer Strategie zügig zu planen und im Unternehmen den Weg dafür zu ebnen – gemeinsam mit den beteiligten Mitarbeitern.

Meine Arbeitsweise: Das sagen die Kunden ...

Peter Seipp, Atlas Management (Projekt Deutsche Post):

„Birthe Horas soziale und kommunikative Kompetenz ist außergewöhnlich – bei absoluter Zuverlässigkeit und beeindruckender Dynamik."

Bodo Blanke, Geschäftsführer AC Alphamanagement GmbH:

„Birthe Hora überzeugte uns – mit fundierten Marktkenntnissen ebenso wie mit ihrer Persönlichkeit."

Ralf Däinghaus, Gründer von DocMorris:

„Birthe Horas Expertise in der Restrukturierung und Optimierung von Strukturen war für uns von großer Bedeutung. Die Verbindung ihrer natürlichen Autorität mit ihrer sympathischen Art machte die Zusammenarbeit ausgesprochen angenehm und erfolgreich."

Es folgt die Beschreibung wichtiger Stationen, dann ihre Motivation:

Persönliches

Ich habe mich als Beraterin und Managerin auf Zeit selbstständig gemacht, weil ...

- ich neue Herausforderungen mag und gerne lerne.
- ich gerne unterwegs bin.
- ich keine Routine mag.
- ich auf diese Weise immer neue Menschen, Unternehmen und ihre Kulturen kennenlerne.
- ich schnell und ungeduldig bin – also genau das, was meine Kunden erwarten.

In meiner Freizeit verreise ich gern, ich lese, jogge ein wenig, koche und liebe italienisches und asiatisches Essen. Früher bin ich Motorrad gefahren, Fallschirm gesprungen und mehrfach mit dem Rucksack wochenlang durch Asien gereist.

Fotos

Was am Beispiel von Birthe Hora noch auffällt: Sie nutzt ein großes, seriöses, aber emotional ansprechendes Foto – das ganz anders wirkt als gängige Porträts im Bewerbungsstil. Es ist an dieser Stelle ganz einfach, sich positiv zu präsentieren; denn Typ und Persönlichkeit des Trainers sind dem Kunden wichtig. Ein Foto liefert den ersten Anhaltspunkt und erzeugt beim Betrachter einen unbewussten Eindruck, ob die Chemie stimmt, wie der Trainer Aufgaben angeht und ob er mit den Mitarbeitern zurechtkommt.

Aussagekräftige Fotos können Sie übrigens nicht nur für Ihr Profil, sondern auch für die Internetseite, Ihre Pressearbeit und eventuell eine Broschüre nutzen.

Internetseite, Geschäftsausstattung, Profile und gute Fotos sind die Basis für das Marketing von Trainern – ganz gleich ob Einzelkämpfer oder Trainingsunternehmen. Und für alle gilt: je hochwertiger, desto besser. Professionelle Dienstleister wie Grafiker und Fotografen tragen dazu bei, dass der Eindruck stimmt.

1.2 Dem Kunden Sicherheit geben

Wer Trainings einkauft, kann sich im Vorfeld nicht so absichern wie beim Kauf einer Maschine, deren Eigenschaften klar definiert sind. Ein bestimmtes Maß an Sicherheit können Sie Ihren Kunden dennoch bieten: mit Referenzen und Projektbeispielen.

Referenzen

Anhand von Referenzen bekommen Interessenten einen Eindruck von Ihren Aufträgen. Am einfachsten sind Referenzlisten: Sie zeigen dem Kunden, wer Ihnen bereits vertraut hat, und vermitteln Seriosität, wenn Sie eine gewisse Anzahl mit einigen guten Namen vorweisen können.

Besonders wirkungsvoll sind ausformulierte Kundenstimmen samt Foto, Name, Position und Unternehmen des Kunden. Fünf bis sieben reichen aus, mehr werden schnell unübersichtlich. Auf diese Weise wird auch ein Eindruck von der Zusammenarbeit zwischen Trainer und Kunde vermittelt – was den Entscheider noch ein bisschen mehr absichert. Möchten die bisherigen Auftraggeber lieber anonym bleiben, verzichten Sie auf Foto, Namens- und Unternehmensnennung. Aber auch anonyme Referenzen sind im Vorfeld mit den Kunden abzustimmen, und auf Anfrage stellen Sie den Kontakt her. Eine Referenz, hinter der kein Referenzgeber steht, ist unglaubwürdig.

Auftragsbeispiele

Die Beschreibung von bereits durchgeführten Trainings und komplexeren Maßnahmen wird als Verkaufsargument oft unterschätzt. Dabei gibt genau das dem Kunden die benötigte Sicherheit. Schließlich ist hier nachzulesen, welche Aufgaben der Trainer auf welche Weise gelöst hat.

Noch interessanter ist es, ein Training als Projekt darzustellen: Welches Ziel hat der Kunde verfolgt? Wie sind Sie vorgegangen? So lässt sich zum Beispiel zeigen: Sie haben nicht nur ein Kommunikationstraining verkauft, sondern damit eine konkrete Situation im Unternehmen verbessert.

Berichten Sie (auf ca. einer Bildschirmseite), welche Ausgangssituation Sie vorfanden, welche Aufgabe Ihnen gestellt wurde und wie Sie vorgegangen sind, welche Probleme womöglich auftraten und welche Ergebnisse Sie erzielt haben. Je konkreter, desto glaubwürdiger. Einige Details in der Umsetzung beweisen Ihren Insiderblick auf das Projekt: kleine Stolpersteine, Widerstand von Mitarbeitern, Quick Wins – all das kann nur jemand kennen, der das Training wirklich durchgeführt hat.

Überlegen Sie dabei stets, was Kunden wohl über Sie lesen wollen. Zu viele Beispiele verwirren ebenso wie zu viele Details. Präsentieren Sie lieber anhand verschiedener Fragestellungen die jeweils durchgeführten Maßnahmen.

Gute Möglichkeiten, dem Kunden mehr Sicherheit zu geben, sind namhafte, glaubwürdige und spannende Kundenstimmen sowie ansprechende und interessante Beschreibungen Ihrer Projekte.

1.3 Infomaterial

Was wollen Sie Ihren Kunden noch bieten, damit diese sich über Sie informieren können? Nicht für jeden Pflicht, aber für manch einen durchaus sinnvoll kann eine gedruckte Broschüre, eine PDF-Broschüre oder eine 60-Sekunden-Präsentation sein.

Eine gedruckte Broschüre
Die gedruckte Broschüre ist ein klassisches Marketinginstrument, das in Zeiten ohne Internet oder Fax noch eine andere Bedeutung hatte als heute. Viele Entscheider werden mit Material überschüttet oder haben inzwischen gar keine entsprechende Ablage mehr. Dennoch kann die Broschüre bisweilen ein wichtiges Instrument sein, vor allem wenn Sie Kunden haben, die Informationen auf Papier bevorzugen, zum Beispiel in bodenständigen Branchen wie dem mittelständischen Maschinenbau – dort kann es durchaus vorkommen, dass ein Geschäftsführer lieber etwas Gedrucktes in den Händen hält.
Auch wenn Sie eine bestimmte Botschaft senden wollen wie Solidität, Qualität oder Premiumleistung, ist eine hochwertige Broschüre ein adäquater Kanal. Sinnvoll ist die Broschüre auch immer dann, wenn jemand persönlich Informationen über Sie weitergeben will – als internes Verkaufsargument oder um Sie weiterzuempfehlen.
Faustregel: Je größer Ihr Trainingsunternehmen ist, desto eher erwarten Kunden eine gedruckte Broschüre.

Eine PDF-Broschüre

Eine PDF-Broschüre ist eine kostengünstige Alternative zur hochwertigen Broschüre in Printform – und eine pragmatische Ergänzung Ihrer Internetseite. Denn hier können Sie detaillierte Informationen unterbringen, zum Beispiel zu einem speziellen Produkt.

Für Gestaltung und Texte sollte allerdings die gleiche Sorgfalt aufgewendet werden wie bei einer Papierbroschüre. Das PDF wird per E-Mail an Interessenten verschickt, die es wiederum gut weiterleiten und so beliebig oft verbreiten können. Da es in manchen Unternehmen nach wie vor üblich ist, Material auszudrucken, sollten Sie darauf achten, dass Ihre Broschüre auch noch gut aussieht, wenn sie von einem durchschnittlichen Büro-Drucker ausgedruckt wurde.

Eine 60-Sekunden-Präsentation

Eine 60-Sekunden-Präsentation ist eine kreative Alternative zur Broschüre: ein kleiner Film, der nicht als Video gedreht, sondern anhand von Bildern und Grafiken in Form einer selbstlaufenden Bildschirmpräsentation programmiert wird. So können Sie Ihre Leistung auf originelle Weise zeigen und den Film auf Ihrer Webseite bereitstellen oder auch per E-Mail verschicken. Dabei geht es aber nicht darum, umfassend zu informieren, sondern neugierig zu machen.

Ein gutes Beispiel hierfür ist die 60-Sekunden-Präsentation von Udo Zapf:

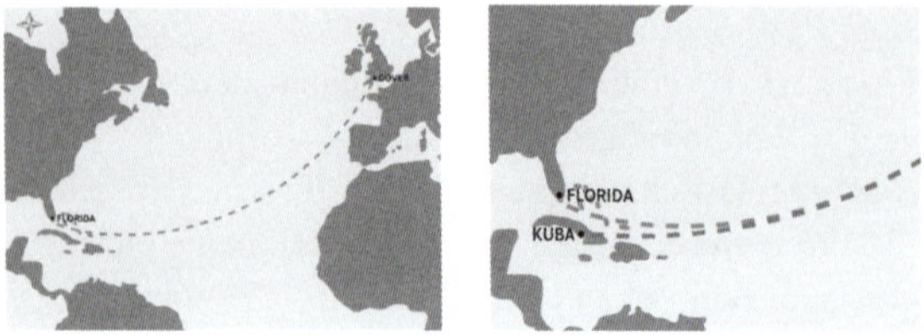

Selbst kleinste Abweichungen können am Ende eine immense Abweichung vom Ziel bedeuten.
Das gilt auch für das Management großer Projekte. Wer am Anfang die Route exakt bestimmt, sichert, dass er das Ziel punktgenau erreicht.
(Quelle: Udo Zapf, www.zapf-projektmanagement.de)

Es folgen eine knappe Leistungsbeschreibung und die Kontaktdaten.

Abhängig von Ihrer Zielgruppe und Ihrem Thema können also über die Internetseite hinaus weitere Informationswege sinnvoll sein: eine gedruckte Broschüre, eine PDF-Broschüre oder eine 60-Sekunden-Präsentation.

1.4 Öffentlichkeitsarbeit

In Deutschland spielt der Expertenstatus eine enorm wichtige Rolle. Wer eine entsprechende Publikationsliste vorzuweisen hat, ist dabei im Vorteil. Während die bisher vorgestellten Instrumente einmalige Investitionen sind, die mehrere Jahre genutzt und höchstens ab und zu aktualisiert werden, ist bei der Medienarbeit Regelmäßigkeit entscheidend, also immer wieder zu publizieren, um bekannt zu werden. Hier stellen wir drei zentrale Instrumente vor.

Namensartikel

Ein Namensartikel ist ein Beitrag oder Fachartikel, den nicht die Redaktion des Mediums verfasst, in welchem er erscheint, sondern ein externer Autor, der namentlich genannt wird. Der Namensartikel ist eine klassische Variante, ein Thema in die Öffentlichkeit zu bringen, den eigenen Namen damit zu verknüpfen und Kompetenz zu beweisen. Regelmäßig Fachartikel zu verfassen kostet zwar Mühe – erst recht wenn Schreiben Ihnen schwerfällt –, ist aber langfristig sehr effektiv. Die gleiche Wirkung haben übrigens Interviews; in der Praxis werden sie häufig vom „Interviewten" selbst erstellt, das heißt, ein echtes Interview findet gar nicht statt.

Worauf es beim Publizieren ankommt

- Sie sollten regelmäßig Artikel verfassen.
- Ihre Beiträge sollten spannend und neu sein.
- Schreiben Sie klar und verständlich.
- Verzichten Sie auf Eigenwerbung.
- Schreiben Sie für die Zielgruppe des Mediums.

Vorträge

Vorträge sind nicht jedermanns Sache, aber wer gerne vor Leuten spricht, kann damit viel für seine Bekanntheit tun.

Mit einem Vortrag erreichen Sie nicht nur das Publikum unmittelbar, sondern weit mehr Personen, denn

die Vortragsankündigung wird von vielen gelesen – und darin steht *Ihr* Name neben *Ihrem* Thema. Zudem gewinnen die Zuhörer einen persönlichen Eindruck von Ihnen: Nach dem Vortrag weiß man, ob man mit Ihnen zusammenarbeiten will!
Rechnen Sie aber nicht damit, nach einem Vortrag mit neuen Aufträgen nach Hause zu gehen. Auch Vorträge sind nur Puzzlesteine in der Gesamtstrategie für Ihre Bekanntheit, und die bedarf regelmäßiger Aktivität und Ausdauer.

Ein Buch
Das Buch ist die Königsdisziplin des Bekanntwerdens, denn nichts anderes dokumentiert Ihren Expertenstatus überzeugender. Ein Buch kann die Eintrittskarte in Vorstandsetagen und große Medien sein.
Allerdings ist ein Buch mit erheblichem Aufwand verbunden und sollte daher unbedingt gut überlegt und geplant sein. Auch wenn Literaturagenten und Ghostwriter Sie unterstützen, bleibt dennoch einiges an Aufwand: mindestens 30 Arbeitstage für ein 250-seitiges Buch, wenn Sie es schreiben und vermitteln lassen, entsprechend mehr, wenn Sie selbst die Feder führen. Diese Opportunitätskosten wiegt auch das Autorenhonorar nicht auf; selbst wenn Sie gut verhandeln und bereits einen Namen haben, werden Sie kaum daran verdienen. Ein Buch ist daher ein Marketinginstrument, also eine Investition in die eigene Bekanntheit.

Voraussetzungen, um ein Buch zu schreiben

- Zeit und Geld sind verfügbar.
- Es fällt Ihnen leicht, Gedanken strukturiert zu Papier zu bringen.
- Ihr Thema lässt sich auf ein spannendes und neues Buchkonzept zuspitzen.

Ob Fachartikel, Interviews, Vorträge oder Buch: Egal, welchen Kanal Sie benutzen, entscheidend ist die Regelmäßigkeit. Je gleichmäßiger Sie Ihre Berührungspunkte mit der Öffentlichkeit übers Jahr verteilen, desto größer ist die Wirkung.

1.5 Die Gesamtstrategie: Sogmarketing

Ein Magnet zieht Eisen an – und zwar nur Eisen, kein anderes Material. Als Trainingsanbieter wie ein Magnet auf die eigene Zielgruppe zu wirken wäre also ideal: Ausreichend Interessenten, der Vertrieb entspannt sich und die Sorge um die Auslastung verschwindet. Außerdem werden die unpassenden Anfragen weniger. Genau das ist das Ziel des Sogmarketings. Das Prinzip: anders sein, spannend sein, bekannt werden.

- *Anders zu sein* bedeutet, eine klare Positionierung auf dem Markt einzunehmen und sich vom Wettbewerb positiv abzuheben.
- *Spannend zu sein* ist die Inszenierung des Auftritts, denn so wie Stromspannung die Stärke eines Magnetfelds erhöht, vergrößert Spannung im Auftritt die Sogwirkung des Marketings.

- Und *bekannt zu werden* verlangt Profilierung. Denn anders und spannend zu sein bringt noch nichts, solange es niemand bemerkt.

Sogmarketing bedeutet zwar regelmäßigen Aufwand und selten schnelle Ergebnisse, da die Magnetwirkung erst nach zwei bis drei Jahren kontinuierlicher Arbeit spürbar wird. Aber es sprechen drei starke Gründe dafür:

1. Freiheit
Dank der wachsenden Nachfrage haben Sie eine immer größere Auswahl und können entscheiden, welche Aufträge Sie annehmen, für wen Sie arbeiten – und Ihre Honorare Ihrem Erfolg anpassen. Auch als Einzelkämpfer haben Sie mehr Entscheidungsmöglichkeiten: Wollen Sie zum Beispiel bei gleicher Arbeitszeit mehr verdienen oder bei gleichem Einkommen weniger arbeiten? Oder Ihre Reisezeit reduzieren und mehr Kunden zu Ihnen locken? Ist die Nachfrage erst einmal da, sind den Spielvarianten kaum Grenzen gesetzt.

2. Sicherheit
Über Sogmarketing lässt sich besser steuern, wie Sie am Markt wahrgenommen werden, als zum Beispiel im Empfehlungsgeschäft. Denn mit Instrumenten wie Fachartikeln und Vorträgen können Sie sich auf ein ganz bestimmtes Thema konzentrieren – und so eine konkrete Nachfrage in diesem Bereich erzeugen. Das sichert Sie konjunkturunabhängig ab.

3. Wachstum

Partner ins Boot zu holen oder weitere Trainer einzustellen ist erst sinnvoll, wenn Sie in Ihrer bisherigen Konstellation kontinuierlich ausgelastet sind. Bei einem gleichmäßigen Nachfragestrom ist das gegeben. Und auf Nachfragesog begründetes Wachstum lässt sich exponentiell steigern, denn neue Partner oder angestellte Trainer werden sich ebenfalls fürs Marketing einsetzen und so ihrerseits Nachfrage erzeugen. Und das ermöglicht wiederum Wachstum.

Die Sogstrategie ist auf lange Sicht ausgelegt, erfordert Kontinuität und benötigt im Durchschnitt zwei bis drei Jahre, bis ein erster Sog spürbar wird. Für Trainer lohnt sie sich trotzdem, denn nur so lässt sich die Nachfrage steuern. Und die Sogstrategie ermöglicht eine andere Haltung: Sie begegnen dem Kunden auf Augenhöhe. Das erreicht, wer konsequent an Positionierung, Inszenierung und Profilierung arbeitet.

Mit den richtigen Marketinginstrumenten und regelmäßiger Arbeit an der Bekanntheit im Rahmen einer Marketingstrategie erzeugen Sie nach und nach einen gleichmäßigen Nachfragestrom – einen regelrechten Sog.

2. Anders sein

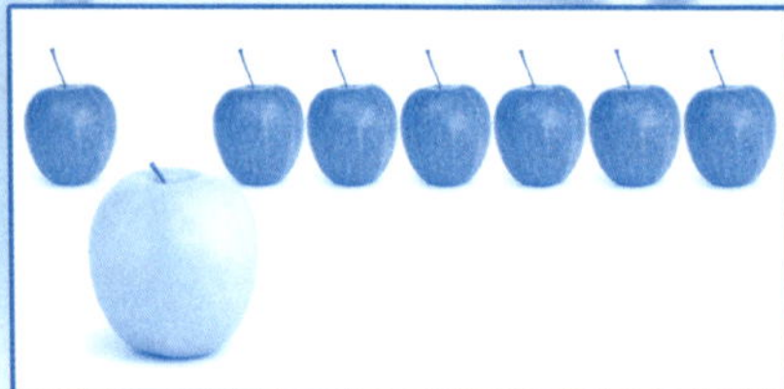

Eigentlich eine Binsenweisheit: Man muss anders sein als der Wettbewerb. Das Problem ist nur, Kommunikationstraining, Persönlichkeitsentwicklung, Führungscoaching, all diese Angebote sind sich sehr ähnlich. Wie soll man sich da als Anbieter abheben?

2.1 Kein Alleinstellungsmerkmal – und nun?

Ein echtes Alleinstellungsmerkmal ist der Idealfall, denn damit unterscheiden Sie sich von allen anderen, und es bietet Ihnen einen strategischen Wettbewerbsvorteil. Das Problem ist nur: Wie findet man als Trainer ein echtes Alleinstellungsmerkmal? Eine neue Trainingsart oder Methode lässt sich nicht einfach so entwickeln. Viele Trainer suchen jahrelang nach ihrem Alleinstellungsmerkmal – und geben irgendwann auf. Andere sind auch ohne Alleinstellung erfolgreich. Wieso?

Attraktivität
Wer für seine Kunden attraktiv ist, ist erfolgreich. Und das erfordert nicht unbedingt ein Alleinstellungsmerkmal, denn Attraktivität lässt sich auch anders erzeugen. Im Prinzip funktioniert das wie im Privatleben: Wer auf den ersten Blick etwas Interessantes vorweisen kann, wer sich nicht aufdrängt, aber mit einem gesunden Maß an Selbstvertrauen auftritt und sogar ein wenig unnahbar ist, der wirkt auf seine Mitmenschen attraktiv.

Es geht also darum, im Kampf um die Aufmerksamkeit erst einmal die Blicke auf sich zu ziehen und dann interessant zu bleiben.
Im Gespräch zum Beispiel ist immer derjenige angenehmer, der ein paar Informationen preisgibt und dann erst einmal abwartet, ob sie beim Gegenüber auf Interesse stoßen oder nicht. Trainer sind leider in den Ruf geraten, zu viel zu reden und ständig auf der Suche nach Vertriebsmöglichkeiten, Kunden und Kontakten zu sein. Das wirkt aufdringlich und wenig attraktiv. Aus diesem Grund gibt es auf einigen Kongressen inzwischen unterschiedliche Preise für Unternehmer und Trainer. Es ist deshalb klüger, bewusst Gesprächspausen einzulegen, um Rückfragen, Bestätigungen oder Gegenstatements abzuwarten und immer wieder überprüfen zu können, ob das Gespräch noch eine gemeinsame Interessenbasis hat.
Ein attraktiver Trainingsanbieter kennt die Probleme des Kunden und weiß, wie sie zu lösen sind. Er vermittelt Sicherheit und Zuverlässigkeit und sucht nicht offensichtlich nach Aufträgen. So wird er als Partner auf Augenhöhe wahrgenommen, im persönlichen Kontakt ebenso wie in seinem Internetauftritt und seinen Texten.
Wer zeigt, welche Themen er beherrscht, mit welchen Aufgabenbereichen und Branchen er sich auskennt, und seine Einschätzung zu bestimmten Themen abgibt, macht auf charmante Weise klar: „Hierin bin ich Experte.“ Der Kunde spürt dann schnell, ob eine Entscheidung für diesen Trainer für ihn die richtige wäre.

Alleinstellung muss nicht sein – eine Besonderheit reicht

Attraktiv ist auch derjenige, der nicht so auftritt wie alle anderen, selbst wenn die Dienstleistung ähnlich ist. Schon eine kleine Besonderheit – ansprechend vorgebracht und nützlich für den Kunden – kann den entscheidenden Unterschied ausmachen.

Stellen Sie sich vor, Sie wären der Kunde und suchten einen passenden Trainer für Ihr Thema. Von verschiedenen Seiten haben Sie Empfehlungen erhalten und vergleichen nun die Auftritte im Internet. Dummerweise klingen alle gleich, sodass Sie nahezu willkürlich einen auswählen müssen. Ist nun aber ein Anbieter darunter, der einen kleinen, aber attraktiven Unterschied zeigt, wird dieser bestimmt Ihr Interesse wecken. Nicht mehr, aber auch nicht weniger. Damit hat dieser Trainer die erste Runde im Kampf um die Aufmerksamkeit gewonnen.

Das bedeutet: Auch ohne hundertprozentiges Alleinstellungsmerkmal können Sie erfolgreich sein – zumal Ihre Mitbewerber sehr wahrscheinlich auch keines haben.

Ein Beispiel: Trainer für Führungskräfte gibt es unzählige. Allein Google zeigt ungefähr 184.000 Treffer beim Begriff „Führungscoaching“. Wer als Coach für Führungskräfte auffallen möchte, hat es also schwer. Doch ein paar Möglichkeiten gibt es, wie der Hamburger Olaf Hinz beweist.

Auch Olaf Hinz coacht Führungskräfte, setzt dabei aber auf eine persönliche Besonderheit:

Als bekennender Hanseat unterstütze ich meine Kunden darin, ihre Aufgaben mit seemännischer Gelassenheit zu erfüllen. Gemeint ist damit eine konzentrierte, wache und entspannte, aber auch konsequente Haltung sowohl zu beruflichen Herausforderungen als auch zu der eigenen Mannschaft.

Und tatsächlich: Wer mit Olaf Hinz zu tun hat, spürt diese Haltung sofort. Was Olaf Hinz ausmacht, ist keine wirkliche Alleinstellung. Aber er hat sich klar positioniert und seinen Arbeitsstil hervorgehoben. Damit bietet er Interessenten, die in der Masse der Anbieter den passenden suchen, nicht nur einen Anhaltspunkt, sondern auch einen emotionalen Nutzen: seemännische Gelassenheit.

Die persönliche Note

Vor Kurzem saßen einige Personalberater aus unterschiedlichen Unternehmen in einem Workshop zusammen. Bei der Aufforderung, ihre Leistung kurz vorzustellen, sprachen nahezu alle von „ganzheitlicher und lösungsorientierter Zusammenarbeit“. Das mögen vielversprechende Worte sein – doch für den Unternehmer auf der Suche nach *einer* Personalberatung klingen sie alle gleich und somit austauschbar. Wie soll er da herausfinden, welches am besten zu ihm passt?

Im weiteren Verlauf des Workshops wurden dann aber doch Unterschiede deutlich: „Personalberater der IT-Branche für Zentraleuropa“, „Anbieter mit Muttersprachlern in Russland, China, Indien etc., die jeweils auch Deutsch sprechen“, oder „die feine und kleine Personalberatungsboutique“. So wurden aus der vergleichbaren Leistung der Personalberatung unterscheidbare Angebote mit persönlicher Note. Das ist nur der Anfang, aber ein entscheidender Schritt in Richtung Attraktivität.

Eine Besonderheit reicht also häufig aus, um sich abzuheben – und dem möglichen Kunden fällt die Entscheidung leichter. Nur wenige Wettbewerber nutzen diese Möglichkeit, was ihre Wirkung noch vergrößert.

In vielen Fällen unterstützen Trainer die Ähnlichkeit ihrer Angebote sogar durch eine spezifische Sprache; so hat sich gewissermaßen ein Standard für „Trainerdeutsch" etabliert. Bei genauer Betrachtung bleiben allerdings oft nur Allgemeinplätze oder Floskeln übrig. Fast alle bieten „maßgeschneiderte Lösungen", „nutzen Potenziale" und „optimieren die Prozesse" – und sagen damit letztlich nichts über sich und ihre konkrete Arbeitsweise aus.

Praxis-Tipp

Machen Sie doch eine kleine Recherche: Schauen Sie nach, was Mitbewerber auf ihren Internetseiten schreiben. Benutzen die meisten von ihnen Begriffe wie „nachhaltiger Praxistransfer", „ganzheitlicher Ansatz", „vielfältiger Methodenmix", „interaktive und erlebnisorientierte Methoden"? Erstellen Sie eine Liste der Begriffe und Wendungen, die sich auffällig wiederholen. Vergleichen Sie die Liste mit Ihrer eigenen Beschreibung: Wie viele der Begriffe nutzen *Sie*?

Jetzt haben Sie einen Eindruck davon, wie stark sich Ihr Auftritt vom Wettbewerb abhebt. Sie können diese Liste neben sich legen, wenn Sie neue (Sogmarketing-)Texte schreiben, und versuchen, diese Wörter zu vermeiden.

Mehr zum Thema „Trainerdeutsch" lesen Sie in Kapitel 3.2.

Kein Zweifel: Wer sich vom Wettbewerb positiv abhebt, ist erfolgreicher. Eine echte Alleinstellung haben aber nur wenige Trainer, denn ihre Angebote und Themen sind ähnlich. Bereits eine kleine Besonderheit kann jedoch genügen, um für Kunden attraktiv zu sein.

2.2 Was ist Ihre Besonderheit?

Meist ist es eine kleine Besonderheit, die ausreicht, um positiv aufzufallen und von potenziellen Kunden wahrgenommen zu werden. Statt Alleinstellungsmerkmal also „Besonderstellungsmerkmal“ – oder ein Mix aus Besonderheiten.
Um diesen „Besonderstellungsmix“ zu finden, gibt es kaum ein allgemeingültiges Patentrezept, aber mithilfe eines strukturierten Brainstormings verschaffen Sie sich selbst Klarheit über Ihre Positionierung und können Ihre besonderen Merkmale hervorheben.

Was ein Besonderstellungsmerkmal erfüllen muss
Sehen wir uns noch einmal das Beispiel von Olaf Hinz an. Sein Besonderstellungsmerkmal erfüllt sechs entscheidende Anforderungen:

1. Es lässt sich einfach kommunizieren – in einem Satz:
   Als bekennender Hanseat unterstütze ich meine Kunden darin, ihre Aufgaben mit seemännischer Gelassenheit zu erfüllen.
2. Es macht den Kunden neugierig, und er fragt sich unwillkürlich:

„Seemännische Gelassenheit – wie sieht die im Unternehmensalltag aus? Und wie erreiche ich das?“

3. Es ist glaubwürdig.
   Olaf Hinz ist Hamburger mit typisch hanseatischer Art.
4. Es wird von der Zielgruppe positiv wahrgenommen.
   Seemännische Gelassenheit kann jede Führungskraft gebrauchen.
5. Der Kunde hat einen Nutzen davon.
   Wer mit seemännischer Gelassenheit seine Aufgaben erfüllt, profitiert davon. Würde das Konzept dagegen lauten: „Coaching in rosa Kleidung“, dann wäre der Anbieter sicher einzigartig mit diesem Versprechen, der Kunde aber hätte wohl nichts davon.
6. Es betrifft das Kerngeschäft.
   Ein Merkmal, das nicht das Hauptgeschäft des Trainers unterstützt, ist entweder wirkungslos oder führt den Kunden in die Irre.

Praxisaufgabe
Im Folgenden finden Sie einige Anhaltspunkte, die Ihnen helfen können, Ihre Besonderheit zu finden. Am besten machen Sie sich bei jedem Punkt ein paar Notizen im Hinblick auf sich selbst und Ihre Arbeitsweise; ein kleiner Selbstcheck am Ende jedes Gedankens soll Sie dabei unterstützen. So haben Sie schließlich eine Liste, die Sie dann nochmals überprüfen und auf deren Basis Sie sich für das Merkmal entscheiden, das Sie in Zukunft in den Vordergrund stellen möchten.

Persönlicher Arbeitsstil
Gibt es etwas, das Ihre Arbeit auszeichnet? Oft steckt die Besonderheit in der persönlichen Arbeitsweise. So positioniert sich Birthe Hora (siehe Seite 12f.) zum

Beispiel als „Macherin“, die Ideen und Strategien im Unternehmen umsetzt und die Mitarbeiter dazu ins Boot holt. Sie kennzeichnet ein sehr klarer, direkter Stil. Auf ihrer Internetseite (www.birthehora.de) steht:

Alles beginnt mit Ihrem Geschäftsmodell, Ihrer Idee, Ihrem Konzept.

Sie wollen im Unternehmen etwas verändern und suchen jemanden, der das mit Ihnen oder für Sie umsetzt. Jemanden, der Ihre Strategie versteht, hinterfragt und weiß, wie man sie ins Unternehmen tragen kann. Jemanden, der Mitarbeiter mitzieht, Schwierigkeiten auffängt und operativ für das Erreichen der Ziele geradesteht.

Genau das ist meine Arbeit als Beraterin und Managerin auf Zeit: den operativen Erfolg Ihrer Planung sicherzustellen. Nicht mehr und nicht weniger.

Der Rest der Seite zeigt die Erfahrung und Arbeitsweise – natürlich klar und schnörkellos: die lebhafte Umsetzerin eben.

Selbstcheck:
Was zeichnet Ihren Arbeitsstil aus?

____

____

____

Was schaffen Sie dank Ihrer persönlichen Art besonders gut?

____

____

____

Welche Haltung zeigen Sie immer wieder, auch in unterschiedlichen Projekten?

Was schätzen Ihre Kunden wirklich an Ihnen?

Die Branche

Auch die besondere Erfahrung mit einer Zielgruppe oder einer Branche kann eine Besonderheit sein. Wenn Sie zum Beispiel ein paar Jahre im Vertriebsaußendienst für den Textileinzelhandel tätig waren, liegt es nahe, Vertriebsberatung für den Textileinzelhandel anzubieten. Nirgends sonst werden Sie so glaubwürdig sein.

Selbstcheck:
Haben Sie mit einer bestimmten Branche besonders viel Erfahrung, vielleicht noch aus der Zeit vor Ihrer Trainertätigkeit?

Welche Branche kennen Sie am besten?

Welche Branche interessiert Sie am meisten?

Welche Branche kann von Ihrem Wissen am meisten profitieren?

___

___

___

Ein bestimmtes Thema

Rainer Frieß bietet *LeistungsTuning für den Spitzenvertrieb* (www.sellympia.com). Damit ist er zwar immer noch ein Vertriebstrainer unter vielen – mit seinem Thema aber interessanter als die meisten anderen. Und er grenzt sein Thema sogar noch weiter ein: Im Vergleich der Bestzeiten im Spitzensport beträgt der Unterschied zwischen dem Besten und dem Zweitbesten nur wenige Prozent. Ganz ähnlich ist es im Vertrieb, nur dass es hier keinen Zweitbesten gibt, weil nur einer den Auftrag erhält.

Durch diesen Vergleich des Vertriebs mit dem Leistungssport unterstreicht er auch seinen Anspruch an seine Arbeit – und sticht wiederum aus dem Angebot der Vertriebstrainer hervor.

Selbstcheck:

Mit welchem Thema sind Sie erfolgreich?

___

___

___

Wozu können Sie etwas Spannendes sagen?

___

___

___

An welchem Thema und welchen Inhalten haben Sie besonders großes Interesse?

____

____

____

Ihre Erfahrung

Haben Sie 20 Jahre Erfahrung in der Geschäftsführung eines mittelständischen Unternehmens? Oder zwölf Jahre lang IT-Projekte geleitet? Sagen Sie es – und zwar ganz konkret.

In vielen Trainerprofilen ist zum Beispiel zu lesen: „langjährige Erfahrung im Maschinenbau" oder auch „zahlreiche Auslandsaufenthalte". Was soll sich der Leser darunter vorstellen? Langjährig könnte schließlich auch „mehr als ein Jahr" bedeuten. Und hinter zahlreichen Auslandsaufenthalten könnten sich ein paar Kurzurlaube in Frankreich und Italien verbergen. Wenn Sie im Ausland gearbeitet haben, sagen Sie dazu, wo und wie lange. Ein zweimonatiges Projekt in China, konkret beschrieben, kann durchaus interessant wirken, auch wenn es Ihnen selbst wenig vorkommt.

Selbstcheck:

Worin haben Sie bisher Erfahrung gesammelt?

____

____

____

Wie viele Jahre Erfahrung können Sie vorweisen?

____

____

____

Präzisieren Sie Jahre, Ort, Projekte in konkreten Daten.

____

____

____

Ihre Persönlichkeit

Neben all diesen Anhaltspunkten kann Ihnen auch Ihre Persönlichkeit zur Besonderheit verhelfen. Das ist genau das, was Führungscoach Olaf Hinz, der bekennende Hanseat, für seinen Auftritt nutzt. Die „seemännische Gelassenheit" fällt unter den unzähligen Auftritten der Mitbewerber auf und ist obendrein etwas, das so manch einer gerne hätte. Sofort glauben wir Olaf Hinz, dass wir von einer Zusammenarbeit profitieren würden. Natürlich muss diese Besonderheit auch seiner Person entsprechen; denn erwiese sich Olaf Hinz bei einem persönlichen Treffen zum Beispiel als oberbayerischer Bergsteigertyp, wäre der gesamte Auftritt unglaubwürdig und damit hinfällig. Mit seinem deutlich norddeutschen Einschlag und seiner gelassenen Ausstrahlung entspricht diese Besonderheit jedoch genau seiner Art.

Selbstcheck:
Was zeichnet Sie persönlich aus?

____

____

____

Von welchen Ihrer Stärken profitieren Ihre Kunden?

____

____

____

Welche Ihrer Eigenschaften überrascht Sie selbst manchmal positiv?

____

____

____

Ansatzpunkte für Ihre Besonderheit

Selbstverständlich können Sie auch Besonderheiten miteinander kombinieren – manchmal reicht eine allein nicht aus. Mit einem Besonderstellungsmix ist eine überzeugende Positionierung fast immer möglich. Beispiele für Besonderheiten sind u. a.:

- Ein bestimmtes Thema oder bestimmter Inhalt
- Die Zielgruppe
- Die Branche
- Ihre Erfahrung
- Eine besondere Methode
- Ihr Arbeitsstil
- Ihre Persönlichkeit

Die Besonderheit legt Sie fest

Viele Trainer haben gerade am Anfang ihrer selbstständigen Laufbahn Angst, mögliche Aufträge zu verlieren, indem sie sich zu sehr festlegen; sie wagen es deshalb nicht, sich eindeutig zu positionieren. Es stimmt: Jede klare Positionierung erzeugt auch Gegenwind. Wer sich gezielt an mittelständische Maschinenbauer richtet, wird für Pharmakonzerne und Textileinzelhändler nicht mehr attraktiv sein. Diese Angst ist also berechtigt, aber wer geschickt mit ihr umgeht, nutzt sie, um seine Positionierung zu prüfen und in die richtige Richtung zu leiten, aber nicht, um im Auftreten unkonkret, allgemein und letztlich nichtssagend zu bleiben. Denn die Hoffnung, auf diese Weise für eine möglichst große Zielgruppe offen zu sein, wird sich kaum erfüllen; stattdessen wird sich niemand wirklich angesprochen fühlen. Und dann doch lieber 80 Prozent Rückenwind und 20 Prozent Gegenwind als gar kein Wind, oder?

Wie Sie Ihre Besonderheit daraus ableiten

Sie haben nun eine Liste Ihrer Merkmale vorliegen. Welche davon gefallen Ihnen am meisten, welche sprechen Sie auf Anhieb an und mit welchen können Sie sich identifizieren? Sortieren Sie die Merkmale nach Ihrem jeweiligen Gefühl. Die besten Merkmale können Sie nun einzeln anhand der bereits genannten Kriterien überprüfen:

Kriterien für das Besonderstellungsmerkmal

Ihr Besonderstellungsmerkmal sollte ...

- in einem Satz erklärbar sein,
- Kunden neugierig machen,
- glaubwürdig sein,
- positiv besetzt sein,
- der Zielgruppe einen Nutzen bringen,
- das Kerngeschäft betreffen.

Treffen alle Kriterien auf ein Merkmal zu? Dann haben Sie Ihr Besonderstellungsmerkmal! Es ist ratsam, nun noch den Markt und die Wettbewerbssituation zu prüfen. Wer sind Ihre Mitbewerber, wie treten diese auf? Wirbt bereits einer mit Ihrem besonderen Merkmal? Für welche Zielgruppe arbeiten die anderen, für wen möchten *Sie* arbeiten? So bekommen Sie ein Gespür für den Markt und können sich selbst positionieren.

Ein Besonderstellungsmerkmal kann jeder Trainer finden – von seiner Arbeitsweise bis hin zur Zielgruppe kann alles relevant sein und bei der Positionierung den entscheidenden Unterschied machen.

2.3 Wie setzen Sie Ihre Besonderheit ein?

Nun haben Sie eine Besonderstellung gefunden, ein Merkmal, durch das Sie sich unterscheiden, anders arbeiten oder anders auftreten als Ihre Mitbewerber. Das ist schon der wichtigste Teil Ihrer Positionierung! Nun fehlt noch, diese Besonderstellung anzuwenden – also konsequent für Ihren Auftritt zu nutzen.

Der rote Faden

Was genau bringt Ihre Besonderheit den Kunden? Die Antwort darauf ist Ausgangspunkt für Ihre Markenbotschaft. Denn um sich nun mit Ihrer Marke zu positionieren, brauchen Sie vor allem eine Konstante in Ihrer Kommunikation. Sonst besteht die Gefahr, dass Ihre Kommunikation beliebig wird und Sie zwischen all den anderen Trainerauftritten untergehen. Zudem entstehen ohne die Ausrichtung an einer konstanten Botschaft Brüche in der Kommunikation, die Interessenten Ihnen übel nehmen: Auftraggeber achten besonders darauf, ob im Marktauftritt eines Trainers ein roter Faden erkennbar ist. Ein in sich schlüssiger Marktauftritt gehört also zu den entscheidenden Auswahlkriterien, denn unbewusst gleicht ein potenzieller Kunde seine Eindrücke von einem Anbieter miteinander ab: den Artikel in der Fachzeitschrift mit dem Internetauftritt und schließlich mit dem Telefonat, das er anschließend mit Ihnen oder Ihrer Sekretärin führt. Widersprüchliche Botschaften gefährden die Glaubwürdigkeit und damit Ihre Marktchance.

Ihre Marke und die entsprechende Botschaft
Sie brauchen also eine Kernbotschaft, an der sich Ihr gesamter Auftritt ausrichtet. Wie kann so eine Kernbotschaft aussehen? Geschickt ist es, dafür eine Botschaftslinie zu formulieren. Sie drückt aus, was das Besondere an Ihnen und Ihrer Arbeit ist, und besteht im Wesentlichen aus zwei Teilen: einer Beschreibung Ihrer Tätigkeit und einer Beschreibung der Besonderheiten.
Die Botschaftslinie des Vertriebstrainers Rainer Frieß lautet zum Beispiel:

LeistungsTuning für den Spitzenvertrieb.

Als Kernbotschaft steht sie gleich am Anfang, gefolgt von der Besonderheit:

Der beste Hürdenläufer der Welt braucht für 110 Meter 12,88 Sekunden, der beste deutsche braucht 13,31 Sekunden. Wäre er nur 3,3 Prozent schneller, wäre er Olympiasieger. Der Unterschied ist minimal, im Ergebnis liegen Welten dazwischen.
So ist es auch bei Spitzenverkäufern. Wenn ein Kunde Nein sagt, ist Ihr Verkäufer nicht 30 Prozent schlechter als andere, sondern es fehlen vielleicht die entscheidenden 3 bis 4 Prozent.

Gemeinsam sorgen wir dafür, dass Ihre Spitzenverkäufer mindestens diese 3 bis 4 Prozent besser werden.

Die Verbindung der Botschaft „LeistungsTuning für den Spitzenvertrieb“ mit der Metapher aus dem Spitzensport nutzt Rainer Frieß konsequent für die gesamte Inszenierung seines Auftritts, von der Internetseite über die Broschüre bis hin zu seinen Angeboten.

Das ist keine Alleinstellung, aber es macht Rainer Frieß besonders, und zwar schon indem er diese Verbindung so eindeutig herausstellt, obwohl es sicher andere Vertriebstrainer mit einem ganz ähnlichen Verständnis ihrer Arbeit gibt.

Die Kernbotschaft anwenden

Im ersten Kapitel haben Sie bereits darüber nachgedacht, welche Bestandteile Ihr Marktauftritt umfassen kann und soll. Und die richten Sie entlang Ihrer Kernbotschaft aus!

Ganz deutlich wird das bei Ihrem Claim, denn der ist nichts anderes als Ihre auf den Punkt gebrachte Kernbotschaft. Ob „LeistungsTuning für den Spitzenvertrieb“, „Gut investieren“ oder „Christliches Management“ – sofort ist klar, worum es jeweils geht.

Ein Muss in Ihrer Sogstrategie ist die Internetseite – als Andock-Station für Interessenten und ebenso schneller wie unverbindlicher Weg, sich über Sie zu informieren und Kontakt zu Ihnen aufzunehmen. Auf der Startseite sollte daher klar werden, wer Sie sind und was Sie ausmacht – also eine Variation Ihrer Botschaft. So kann der Besucher sich orientieren und wird neugierig auf das, was dahintersteckt.

Die Kernbotschaft können Sie auch über Bilder transportieren, mit Fotos von sich und den Trainern Ihres Unternehmens. Denn Bilder springen als Erstes ins Auge und lösen – häufig unbewusst – bestimmte Assoziationen aus.

Zum Beispiel bei Jürgen Abel: Er berät Unternehmen bei der Optimierung ihrer Produktionskette. Dafür braucht er Erfahrung und Überblick – und genau das suggerieren die Fotos auf seiner Internetseite. Darauf ist er als Berater mitten im Geschehen zu sehen, vor Ort beim Kunden im industriellen Umfeld. Und als jemand, der auch einmal die Ärmel hochkrempelt und die Sache in die Hand nimmt.

So unterstützt er ganz subtil die Botschaft – die meisten Betrachter werden das kaum bewusst wahrnehmen, aber ihrem unwillkürlichen Bild von Jürgen Abel hinzufügen.

(www.juergenabel.de)

Auch wenn Sie Fachartikel veröffentlichen, können Sie Ihre Botschaft geschickt unterbringen, indem der Artikel zu Ihrem Thema passt und die Art und Weise wiedergibt, mit der Sie Dinge angehen. Vermitteln Sie etwa in der Botschaft eine klare und direkte Linie, dann sollte der Artikel nicht ausschmückend und eher weich geschrieben sein.

Wo Sie Ihre Botschaft anwenden

- Basismaterial wie Starttexte (Internet, Broschüre), Claim, Inhalt und Stil der Texte, Struktur (Internet, Broschüre), Fotos und Bildsprache, Referenzen
- persönliche Vorstellung
- Profilierungskanäle wie Fachartikel, Vorträge, Bücher, Interviews

Wenden Sie Ihre Kernbotschaft bei allen Berührungspunkten mit dem Markt an, sodass sie sich als roter Faden durch Ihren gesamten Auftritt zieht. So schaffen Sie ein schlüssiges Bild von sich und werden glaubwürdig!

Eine Besonderheit hat jeder Trainer vorzuweisen, zum Beispiel ein bestimmtes Thema, eine außergewöhnliche Methode oder einfach seine Persönlichkeit. Wer diese Besonderheit gezielt hervorhebt und seinen gesamten Marktauftritt damit gestaltet, wird anders sein als die Mitbewerber – und potenziellen Kunden auffallen.

3. Spannend sein

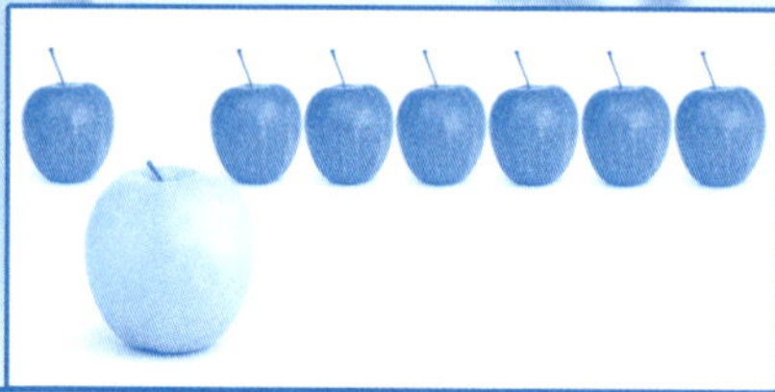

Wie wecken Sie nach der ersten Aufmerksamkeit das Interesse des Kunden?
Seite 45

Wie stellen Sie Ihre Leistung spannend dar und finden das passende Maß an Inszenierung?
Seite 51

Wie können Sie eine klare und kraftvolle Sprache für Ihre Inszenierung nutzen?
Seite 54

Wer es geschafft hat, aus der Masse der Mitbewerber hervorzustechen und einen möglichen Kunden auf sich aufmerksam zu machen, steht nun vor der Aufgabe, bei diesem auch Interesse zu wecken. Zum Beispiel soll der Kunde nicht nur auf Ihre Internetseite klicken, sondern auch weiterlesen und sich davon überzeugen, dass es sich lohnt, Sie zu kontaktieren. Sie müssen also spannend sein!

Das schaffen Sie mit einer guten Inszenierung. Die entscheidet bei allen Marketinginstrumenten darüber, ob sie ankommen: bei Ihrem Internetauftritt, der Firmenbroschüre, Ihrem Fachartikel oder Vortrag und selbst bei Ihrer persönlichen Vorstellung auf einem Empfang.

3.1 Inszenierung

Zu inszenieren heißt, die Kernbotschaft frischer oder mutiger darzustellen als der Wettbewerb, die Zielgruppe positiv zu überraschen.

Vergleichbar mit der Spannung einer Geigensaite: Zieht ein Musiker eine neue Saite auf sein Instrument, darf er sie nur bis zu einem ganz bestimmten Maß festzurren, bevor er sie stimmen kann. Ist sie zu locker, hängt sie über dem Steg, ist sie zu straff, kann sie reißen. Erst wenn die Saite gut gespannt aufgezogen ist, kann der Musiker sie anspielen und stimmen – und die exakte Spannung für die Tonhöhe finden. Genau dieses richtige Maß an Spannung brauchen Trainer für ihren Auftritt. Wer das beherrscht, ist seinen Mitbewerbern ein gutes Stück voraus.

Das richtige Maß finden: Wohlspannung

Ein Trainer für Finanzthemen, der einführend auf seiner Homepage aufzählt: „Seminare zur Finanz- und Investitionsplanung, Angebotsoptimierung, Analyse und Wirtschaftlichkeitsbeurteilung, Planungsrechnung und Budgetierung“, ist ehrlich und strukturiert, aber nicht spannend. Ein anderer, der schreibt: „Lassen Sie es krachen, nehmen Sie Geld in die Hand, und wir päppeln Ihren Laden auf“, übertreibt die Inszenierung und würde nicht mehr ernst genommen; er hat den Ton der Branche verfehlt.

Der Grat zwischen zu sachlich und übertrieben ist sehr schmal; das fällt auch in alltäglichen Situationen auf. Der Verkäufer, der zu überschwänglich und aufdringlich vorgeht, ist uns unangenehm und wirkt nicht vertrauenerweckend. Genauso wenig aber mögen wir einen, der uns nicht informiert oder seiner Fachsprache verhaftet ist. Und unpersönliche Bedienungen im Restaurant wirken schnell unfreundlich, während übertriebene Aufmerksamkeit und entspanntes Essen ebenso wenig zusammenpassen.

Was dabei deutlich wird, ist, dass die Inszenierung einer sehr subjektiven Beurteilung und Wahrnehmung unterliegt. Was der eine für angemessen hält, kommt einem anderen übertrieben oder sogar geschmacklos vor. Für die Wohlspannung zählt ausschließlich die Einschätzung der Zielgruppe. Das heißt nicht, dass Sie exakt allen Erwartungen entsprechen müssen, im Gegenteil, sie hie und da (positiv) zu überraschen ist sogar empfehlenswert. Im Empfinden der Zielgruppe den Bereich der Wohlspannung zu treffen – also nicht langweilig zu sein und auch nicht zu übertreiben –, das ist die Kunst bei der Inszenierung.

In guter Gesellschaft – und genauso langweilig
Viele Trainer unterscheiden sich in ihrem Auftritt nicht von ihren Mitbewerbern. Wer zum Beispiel ein Kommunikationstraining organisieren möchte und im Internet nach Anbietern sucht, stößt allenthalben auf Leistungsbeschreibungen wie die folgende:

Kommunikationstraining vergrößert den persönlichen Handlungsrahmen durch Erweiterung der persönlichen und fachlichen Fähigkeiten.
Seit 1994 bieten wir Trainings an, in denen die Teilnehmer nicht nur die wissenschaftlich fundierten Theorien der freien Rede und Kommunikation kennenlernen, sondern auch durch praxisorientierte, im Unternehmensalltag taugliche Übungen neue kommunikative Verhaltensweisen ausprobieren können.

Solche eher unspezifischen Beschreibungen treffen auf jedes Kommunikationstraining zu – wer jedoch nach einem Kommunikationstraining sucht, braucht vielmehr Entscheidungshilfen, welche Methodik geeignet oder welcher Trainer für ihn der richtige sein könnte.
So verschenken viele Anbieter die Chance, die erste Aufmerksamkeit des potenziellen Kunden in Interesse umzuwandeln.
Solche Auftritte sind nicht effektiv: Zum einen weil sie die Regeln des „Anders-Seins“ nicht anwenden und keine Besonderheit beschreiben. Zum anderen weil sie nicht auf den Leidensdruck des Lesers eingehen: Der steht gerade vor dem Problem, einen geeigneten Kommunikationstrainer wählen zu müssen. Und das wiederum sagt über ihn, dass er eine Kommunikationssituation verbessern will – die ihn selbst oder ein Team in seinem

Unternehmen betrifft. Somit bleiben bereits zwei wichtige Anhaltspunkte marketingtechnisch ungenutzt. Angenommen, ein Interessent besucht dagegen diese Seite:

www.thomas-grenz.de

Hier findet er bereits eine klare Aussage im Claim „Direkt und wertschätzend kommunizieren“ und gewinnt über das große Foto einen ersten Eindruck vom Trainer. Dem folgen sogleich einige konkrete Informationen über dessen Verständnis von Kommunikationstraining:

Wenn Sie kommunizieren, handeln Sie einen Vertrag aus – hart in der Sache, aber fair zum Gegenüber. Genau darum geht es in meinen Trainings und Einzelberatungen: Kommunikation auf Augenhöhe, bei der das Ergebnis ebenso stimmt wie das Klima des Gesprächs.

Besonders wichtig wird das in 5 Situationen:

- *In Verhandlungen mit Kunden und Geschäftspartnern*
- *In Gesprächen zur Zielvereinbarung mit Mitarbeitern*
- *In Konflikten, unter denen die Sache ebenso leidet wie das persönliche Miteinander*
- *In Projekten, vor allem unter schwierigen Rahmenbedingungen*
- *In jeder alltäglichen Kommunikation, in der es um mehr als das Wetter geht*

Der Kunde erhält somit deutliche Anhaltspunkte und kann entscheiden, ob ihm diese Auffassung von Training zusagt. Das ist nicht einmal eine großartige Revolution, sondern das sind letztlich ganz einfache Aussagen. Sie brauchen also nicht genial zu sein, um spannend zu werden – eine Kleinigkeit kann schon genügen.

Die Inszenierung entwickeln

Was aber macht eine gute Inszenierung eigentlich aus?

- Eine gute Inszenierung erzielt zuallererst Aufmerksamkeit. Nur wenn die Internetseite auf Anhieb ansprechend wirkt, wird der Besucher weiterlesen. Und nur wer zu Beginn eines Vortrags und in den ersten Zeilen eines Artikels aufmerkt, ist am weiteren Inhalt interessiert.
- Anschließend gilt es, die Spannung zu halten und die Aufmerksamkeit des Publikums bis zum Schluss zu binden.
- Eine gute Inszenierung erfordert Verständlichkeit und vermittelt eine klare Botschaft: Jeder Marketingbaustein unterstützt die Kernbotschaft.

- Die Inszenierung sollte dazu führen, dass sich der Interessent bei Ihnen meldet.

Überlegen Sie also zunächst, wie die Botschaft Ihrer Inszenierung lauten soll. In einem Text (und auch in einem Vortrag) haben Sie immer zwei Möglichkeiten, Botschaften zu verpacken: im Inhalt (geschrieben oder gesprochen) und „zwischen den Zeilen" (nonverbal). Je klarer Sie sich darüber sind, was Sie ausdrücken wollen, desto leichter fällt die Umsetzung. Wer das geschickt angeht, überlässt auch die impliziten Botschaften nicht dem Zufall. Zum Beispiel wirkt es eher unbeholfen, Eigenlob auszusprechen. Viel eleganter ist, wenn es stattdessen über die Art und Weise, wie der Auftritt gemacht ist, und zwischen den Zeilen im Text deutlich wird. Wer also von anspruchsvollen Aufträgen spricht, die er durchgeführt hat, zeigt damit, dass er diese Fähigkeit besitzt, ohne sich selbst explizit als Experte für dieses Thema zu benennen.

Für einen erfolgreichen Auftritt ist es nicht nur notwendig, die Kernbotschaft in allen Instrumenten zu platzieren – es gilt auch, jedes einzelne zu inszenieren. Den Bereich der Wohlspannung zu finden ist dafür entscheidend; einzige Kriterien dafür sind der Kunde und dessen Leidensdruck.

3.2 Den eigenen Auftritt verbessern: 5 Inszenierungstechniken

Ein paar grundlegende Techniken helfen dabei, das Marketingmaterial spannender zu gestalten. Die fünf folgenden lassen sich sofort anwenden:

Gelungener Einstieg
Ob in einem Marketingtext, einem Fachartikel, einem Vortrag oder im persönlichen Gespräch: Am Anfang haben Sie die Gelegenheit, Neugier zu wecken und Ihr Gegenüber für Ihr Thema zu gewinnen.
Einige Beispiele:

Wer braucht schon neue Kunden?

So beginnt Eckehard Junge, Strategieberater für Kundenorientierung, einen Artikel. Der Leser wundert sich vermutlich – und schon besteht Interesse, weiterzulesen. Der Trick: Es wird infrage gestellt, was für allgemeingültig gehalten wird, in diesem Fall der Glaubenssatz, jedes Unternehmen brauche für mehr Umsatz neue Kunden.
Aber auch eine direkte Frage kann den Einstieg spannender machen. So beginnt ein Artikel über persönlichen Vertrieb beispielsweise mit folgenden Worten:

Das Internet ist eine zentrale Verkaufsplattform, und seine Bedeutung im Vertrieb wird in den nächsten Jahren weiter zunehmen. Trotzdem wird der persönliche Kontakt auch in Zukunft in einigen Bereichen zu mehr Umsatz führen als der Verkauf im Web.

Wäre es nicht spannender – und kürzer –, einfach zu fragen: Wie wichtig ist das Internet wirklich für den Vertrieb? Unbewusst würde der Leser seine Antwort auf diese Frage vorbereiten und somit gleich aktiv in das Thema einsteigen.
Einen konkreten Bezug herstellen, das klappt immer gut mit einem Zitat. Investitionsberater Wolfgang Rasspe-Dahmann beginnt seinen Artikel folgendermaßen:

„Für augenblicklichen Gewinn verkaufe ich die Zukunft nicht." Diese Worte von Werner von Siemens bekommen in der aktuellen wirtschaftlichen Lage eine neue Brisanz (...).

Anschließend zeigt er, was Investitionen für die Zukunft eines Unternehmens bedeuten.

Aufmerksamkeit erzeugt auch, wer seinen Vortrag mit einer ungewöhnlichen Handlung beginnt. Ein Trainer für Verhandlungen mit Japanern legt zum Beispiel gleich nach der Begrüßung eine Pause ein und schweigt fast 60 Sekunden lang. Wenn die Zuhörer schließlich unruhig werden, erklärt er, in Japan sei längeres Schweigen üblich, kein Japaner hätte das als ungewöhnlich empfunden. Auf diese Weise hat der Trainer anschaulich vorgeführt, wie sich kulturelle Unterschiede anfühlen können, und ist damit gleich mitten im Thema.

Manchmal eignet sich auch eine Statistik, um spannend in ein Thema einzusteigen:

Nur jeder vierte Deutsche hat einen Hausarzt, aber jeder zweite einen Lieblingsitaliener …

Im Anschluss daran beschreibt der Vortragsredner Dimitrios Zlatanidis, was Unternehmen vom „kleinen Italiener um die Ecke“ lernen können.

Möglichkeiten für Ihren gelungenen Einstieg
- Glaubenssätze infrage stellen
- Frage
- Zitat
- Ungewöhnliche Handlung
- Statistik

Den Leidensdruck ansprechen
Dem Durstigen in der Wüste müssen Sie nur „Wasser“ zurufen und die Aufmerksamkeit ist Ihnen sicher! Sprechen Sie also den Leidensdruck an. Was beschäftigt Ihre Kunden zurzeit? Dass eine Berufsunfähigkeitsversicherung immens wichtig ist, mag auf den ersten Blick noch so richtig und schlüssig sein – wenn sie einem Rentner empfohlen wird, ist sie unsinnig. Spannend ist immer das, was den Angesprochenen selbst interessiert.
Welche Themen brennen Ihrer Zielgruppe gerade jetzt unter den Nägeln? Was brauchen die Kunden und wofür sind sie bereit zu zahlen? Berühren Sie ein Leidensdruckthema schon im Titel bzw. in der Überschrift und deuten Sie eingangs an, dass Sie für dieses Thema eine praktische Lösung kennen und vorstellen werden. Mit einem Beispiel aus dem Arbeitsalltag Ihrer Kunden können Sie dem Leser das Gefühl vermitteln, dass Sie seinen Leidensdruck verstehen. Danach bauen Sie die

Spannung auf, indem Sie die entscheidenden Lösungspunkte nach und nach vorbringen.
Inszenierung über Leidensdruck eignet sich auch für persönliche Gespräche mit Interessenten oder Kunden. Hier können Sie Spannung erzeugen, indem Sie zunächst nur wenig sagen, aber andeuten, dass Sie den Leidensdruck verstehen und eine Lösung kennen. Warten Sie ab, bis Ihr Gegenüber nachfragt, und sprechen Sie dann weiter. Schließlich wollen Sie ja ein *gefragter* Experte sein!

Klare Sprache
Im Internet kursieren bereits „Wörterbücher" mit dem Titel: „Deutsch – Berater, Berater – Deutsch". Das sind freilich Listen, die typische Berater-Phrasen ironisch interpretieren, aber sie sollten uns zu denken geben. Denn die Sprache der Trainer und Berater bietet dieser Art von Humor tatsächlich eine perfekte Angriffsfläche. „Es gibt doch nichts Schlimmeres als die Retortensprache von sogenannten Coachs", so der Kommentar eines Bloggers zu einem Artikel über Kommunikation am Telefon. Und vermutlich spricht er damit so einigen Coaching- und Trainerkunden aus der Seele. Also: Augenmerk auf die Sprache!
Mit einer verständlichen Sprache können Sie schon viel erreichen und sich von den meisten anderen Trainern abheben: „Die Möglichkeit, für die Entscheidungsfindung Potenziale bei Kandidaten zu ermitteln", ist doch nichts anderes als: „Herausfinden, wer der beste Kandidat ist!" Der Trick: Streichen Sie einfach das Trainerdeutsch und die typischen Begriffe wie „ganzheitlicher Ansatz", „aktivierende Lernmethoden", „Sicherstel-

lung des Praxistransfers“ und sagen Sie stattdessen, was Sie wirklich meinen. Das werden sich auch Ihre potenziellen Kunden besser merken!
Als erster effektiver Schritt lohnt es sich schon, sich ein paar Grundregeln zur sprachlichen Klarheit bewusst zu machen. Denn die meisten schreiben so umständlich, weil sie kaum darüber nachdenken – und weil sie sich von schlechten Beispielen inspirieren lassen, ohne sie zu hinterfragen.
Prüfen Sie also Ihre eigenen Texte auf deren Verständlichkeit. Die typischen Alarmsignale, bei denen jeder Trainer aufmerken sollte:

1. Lange, verschachtelte Sätze
Ein Beispiel:

„Die XYZ GmbH wurde von Heinz Mustertrainer, Experte für die Verbesserung der Team-Motivation (die sich in Leistung und Arbeitsergebnissen zeigt), in der Absicht gegründet, Teamleiter durch eine Kombination aus Beratung (aus eigener unternehmerischer Erfahrung) und Kommunikations- und Verhaltenstraining zu befähigen, die Leistungsfähigkeit ihrer Teams zu steigern.“

Haben Sie auf Anhieb verstanden, was gemeint ist? Eingeschobene Satzteile, abstrakte Substantive und weit auseinandergezogene Verben machen den Satz kompliziert. Eine Konstruktion aus mehreren Sätzen ist hier verständlicher:

„Die XYZ GmbH unterstützt Teamleiter dabei, die Leistung ihrer Teams zu steigern. Gründer Heinz

Mustertrainer ist Experte für Team-Motivation und kennt deren Einfluss auf die Ergebnisse. Heinz Mustertrainer kombiniert in seiner Arbeit Beratung und Kommunikations- und Verhaltenstraining und stützt sich dabei auf seine eigene Erfahrung als Unternehmer."

2. Zu viele aufeinanderfolgende kurze Sätze
Achten Sie auf einen ausgewogenen Rhythmus: Wechseln Sie kurze und lange Sätze ab, sodass ein angenehmer Sprachfluss entsteht.

3. Häufiges Passiv
Das Passiv macht Sätze schwerfällig:

„Die neue Arbeitszeitregelung wird von Geschäftsführung und Mitarbeitern gleichermaßen als positiv wahrgenommen."

Warum nicht einfach: „Geschäftsführung und Mitarbeiter finden die neuen Arbeitszeiten gut"?

4. Überflüssige Adjektive
In der Grundschule haben wir gelernt, unsere Erlebnisaufsätze mit Adjektiven auszuschmücken. Im Business-Deutsch sind die meisten Adjektive allerdings überflüssig, denn sie liefern keine zusätzliche Information und haben damit keinen Wert für den Satz. Hinterfragen Sie also jedes Adjektiv in Ihrem Text. Wahrscheinlich können Sie ungefähr jedes zweite streichen – und der Text wird gewinnen.

5. Abstrakte und zusammengesetzte Substantive
Aufgabenstellung, Lösungsprozess, Zielsetzung, Einflussmöglichkeit – je länger ein Wort, desto umständlicher ist es zu lesen und zu erfassen. Verzichten Sie also lieber darauf. Sagen Sie ganz einfach: die Aufgabe, die Lösung, das Ziel, der Einfluss – der Sinn ist jeweils der gleiche, wird aber schneller begriffen.

Mit Adjektiven und abstrakten Substantiven sollten wir also sparsam umgehen. Wo immer möglich, sind Verben die bessere Alternative. Wolf Schneider, Journalist und ehemaliger Leiter der Henri-Nannen-Schule, sagt:

Verben verstecken ist bei weitem das dümmste Spiel, das man mit der deutschen Sprache treiben kann. Das Verb tritt immer an prominenter Stelle auf. Niemals sollten wir ein Substantiv verwenden, wo ein Verb denselben Dienst versieht.

Und gibt gleich ein Beispiel: Nicht *die Kunst der Verständlichkeit des Schreibens*, sondern *die Kunst, verständlich zu schreiben.*
Sprechen Sie also nicht von „erlebnisorientierter Methodenanwendung“, sondern von „etwas erleben“, von „Fähigkeiten verbessern“ statt von „Potenzialoptimierung“, und statt „Strategieeinführungen“ sagen Sie einfach „Strategien einführen“.

6. Floskeln
Viele Wendungen, die einst sinnvoll gewesen sein mögen oder etwas Neues ausdrückten, haben sich eingebürgert. Inzwischen werden sie oft wie Floskeln ge-

braucht, und der Eindruck entsteht, dass selbst der Autor sich nicht im Klaren ist, was er eigentlich meint – und der Leser wird sich die Mühe bestimmt nicht machen, das zu erschließen.

„Die Mitarbeiter leben die Unternehmenskultur." Wir wissen zwar ungefähr, was mit diesem Bild gemeint ist, doch wird es mittlerweile so oft gebraucht, dass es nur noch wie eine dahingesagte Floskel wirkt; ja, es ist bereits zu einer Lieblingsmetapher bei Trainern geworden. Viel mehr Aussagekraft hat eine konkrete Beschreibung des wirklich Gemeinten. Zum Beispiel: „Die Mitarbeiter richten sich im Arbeitsalltag nach den Werten des Unternehmens."

Geschichten erzählen

Geschichten *gut* zu erzählen, das ist die Kunst großer Schriftsteller und Autoren. Franz Kafkas Roman *Die Verwandlung* beginnt so:

Als Gregor Samsa eines Morgens aus unruhigen Träumen erwachte, fand er sich in seinem Bett zu einem ungeheuren Ungeziefer verwandelt.

Ein Satz, der eigentlich nicht viel Information enthält. Trotzdem entsteht im Kopf des Lesers sofort ein starkes Bild und er will wissen, wie es weitergeht, fragt sich, wie Gregor Samsa in diese Situation geraten ist. Die Geschichte beginnt also vielmehr in der Vorstellung des Lesers, für die der Schriftsteller lediglich ein paar Eckpunkte liefert und ein paar Details in ungewöhnliche Beziehung zueinander setzt.

Um *gute* Geschichten zu erzählen, braucht man nicht unbedingt literarisches Talent. Ein paar interessante Fakten, persönliche Nähe, nicht zu viel Information: Das sind ja ohnehin Stärken der meisten Trainer.

„Die Katze sitzt auf dem Boden."

Oder:

„Die Katze sitzt vor dem Vogelkäfig."

Welchen Satz finden Sie spannender? In beiden Fällen sitzt eine zunächst langweilige Katze an einem an sich langweiligen Ort. Der Unterschied liegt in der Geschichte, die sich in Ihrem Kopf abspielt.
Als Trainer erleben Sie bei Ihren Kunden immer wieder Neues. Erzählen Sie davon, denn indem Sie Geschichten erzählen, erzeugen Sie Nähe und können Ihre Botschaft viel leichter vermitteln. Ihre Geschichten knipsen Bilder im Kopf der Leser an, und schon haben Sie einen emotionalen Zugang zu Ihren potenziellen Kunden, was mit einer sachlichen Beschreibung von einer Methode oder Strategie nicht möglich ist. Indem Sie von Konflikten, Hürden, Erfolgen erzählen, entwickelt der Interessent eine lebhafte Vorstellung von Ihrer Arbeit.
Ein Beispiel: Ein Projekt ist gescheitert. Der junge, ehrgeizige Projektleiter sieht den Fall völlig anders als der Bereichsleiter, der für die Kosten verantwortlich ist. Erzählen Sie nun die Geschichte aus dem Blickwinkel des Projektleiters, dessen Sichtweise bei seinem Chef auf völliges Unverständnis stößt – und schon sind Sie mitten im Thema Projektcoaching.

Ein Teil fürs Ganze

Pars pro toto – das ist ein klassisches Stilmittel, um Inhalte interessant darzustellen. Erstens ist es einfacher für Sie, denn Sie brauchen sich nicht um Vollständigkeit aller Details zu sorgen. Zweitens ist es angenehmer für den Leser, denn ein konkretes Detail hilft ihm, das Ganze vor seinem geistigen Auge lebendig werden zu lassen; den Rest kann er sich erschließen. Und drittens: Für beide Seiten wird es spannender!

Schreiben Sie also nicht „Ich trainiere Vertriebsmitarbeiter in den Bereichen Persönlichkeitsentwicklung, Verkaufen, Abschlusstechniken, Führungstechniken, Mitarbeitergespräche, Preisverhandlungsstrategien", sondern teilen Sie einfach mit: „Ich biete Fullservice-Training für Vertriebsmitarbeiter – vom Finden einer Verkaufsstrategie bis zur Abschlusstechnik."

Sowohl das Aufzählen als auch das Lesen aller Details ist mühsam. Das gilt auch für Projektbeispiele, die auf der Homepage aufgeführt sind: Wählen Sie lieber fünf aus, die aussagekräftig sind und für Ihre Arbeit stehen – denn zu viele machen es dem Interessenten nur unnötig schwer, Relevantes zu entdecken. Nehmen Sie dem Interessenten auch die Arbeit ab, aus allen 37 Leidensdruckthemen die derzeit akuten herauszufinden, und suchen Sie davon wiederum jene heraus, die als Teil fürs Ganze sprechen.

Eine klare Botschaft zu haben ist wichtig – doch sie wirkt nur, wenn sie interessant im Markt platziert ist. Sprich: Wer spannend ist, hat's leichter im Trainergeschäft!

Dabei zählen vor allem drei Aspekte:

- *weniger langweilig zu sein als die anderen,*
- *Wohlspannung erzeugen,*
- *eine klare und verständliche Sprache verwenden.*

4. Bekannt werden

Sie haben nun ein Besonderstellungsmerkmal entwickelt und sich auf dem Markt klar positioniert. Ihre Kernbotschaft haben Sie in spannende Worte gefasst, und Sie präsentieren sich attraktiv und ansprechend auf Ihrer professionell gestalteten Internetseite mit guten Fotos. Herzlichen Glückwunsch, die Basis für Ihr Sogmarketing ist damit gelegt!
Immer wieder kommen Kunden an dieser Stelle auf uns zu: Ihr Auftritt sei neu ausgerichtet, trotzdem blieben Besucher und zusätzliche Anfragen aus. Wie kommt's?
Anders und spannend zu sein ist gut – aber solange niemand davon weiß, hilft es Ihnen wenig. Die eigentliche Arbeit fängt jetzt an, denn nun heißt es: Bekannt werden!

4.1 Machen Sie auf sich aufmerksam

Mit regelmäßigen Publikationen ist es so eine Sache: Wer genug Aufträge hat, wendet kaum die Zeit auf, sich damit zu befassen, und spürt oft auch nicht die Notwendigkeit. Wer hingegen zu wenig ausgelastet ist, muss sich um Aufträge bemühen – und hat ebenfalls keine Zeit für aktive Öffentlichkeitsarbeit. Wie entkommt man dieser Falle?

Wiederholen Sie sich!

Bekannt zu werden ist ein mühevoller Prozess, für den Sie zunächst niemand belohnen wird. Sie schreiben nicht mal eben einen Beitrag, der zahlreiche Interessenten anlockt, sondern müssen erst einiges mehr an Aufwand betreiben, bevor Sie mit Reaktionen rechnen können. Denn erst wenn Sie einen potenziellen Kunden mehrmals erreicht haben, wenn er zum Beispiel einen Vortrag von Ihnen hört, kurz darauf einen Artikel von Ihnen in einer Fachzeitschrift überfliegt und vielleicht ein paar Monate später von Ihrem neuen Buch hört, erst dann wird er – vielleicht – auf die Idee kommen, Sie als Trainer anzufragen.

Die amerikanische Sozialwissenschaftlerin Kimberlee Weaver hat gemeinsam mit Kollegen beobachtet, dass einem eine Botschaft umso glaubwürdiger erscheint, je öfter man sie gehört hat. Dabei ist nicht entscheidend, ob sie jedes Mal aus derselben Quelle stammt oder von verschiedenen Seiten bestätigt wird, lediglich aufgrund der Wiederholung hielten die Testpersonen die Behauptungen für allgemein bekannte Tatsachen.

Das bedeutet für Sie: Je öfter ein potenzieller Kunde von Ihnen hört, desto mehr glaubt er, was Sie sagen, und desto überzeugter ist er von Ihrer Expertenstellung in Bezug auf Ihr Thema. Es genügt also nicht, mit einem Artikel eine gewisse Menge an Lesern zu gewinnen oder in einem Vortrag Zuhörer zu überzeugen. Mit anderen Worten: Um regelmäßige Fleißarbeit für Ihre Bekanntheit kommen Sie nicht herum.

Ihre Hausaufgaben: Bekanntheitspunkte sammeln

Für Ihre Bekanntheit können Sie vor allem fünf Dinge tun:

- Namensartikel platzieren
- Vorträge halten
- Interviews geben
- Online erscheinen
- Ein Buch schreiben

Keine Zeit für die Hausaufgaben?
Wenn es Ihnen so geht wie den meisten Trainern, dann bleibt Ihnen im Alltagsgeschäft zwischen Aufträgen, Reisen und Kontaktpflege kaum Zeit für die Öffentlichkeitsarbeit. Gerade deshalb ist es sinnvoll, wenn auch wenig, so doch regelmäßig etwas für Ihre Bekanntheit zu tun. Planen Sie ein oder zwei Stunden pro Woche dafür fest in Ihrem Terminkalender ein.
Damit Sie es sich nicht unnötig schwer machen, hier drei Tricks, um dem Zeitproblem entgegenzuwirken:

1. Tun Sie das, was Ihnen leichtfällt!
Wenn Sie gerne Vorträge halten, beginnen Sie damit. Wenn es Ihnen unangenehm ist, vor Leuten zu sprechen, schreiben Sie Fachartikel. Surfen Sie viel im Internet und reizt es Sie, Artikel und Meinungen zu kommentieren? Nur zu!

2. Verwerten Sie Themen mehrfach!
Sie haben einen Vortrag gehalten, der beim Publikum gut angekommen ist? Den gleichen Vortrag können Sie bei der nächsten Veranstaltung wieder halten und sich somit Vorbereitungszeit sparen (abgesehen von der Notwendigkeit, ihn an das neue Publikum anzupassen und gegebenenfalls aktuelle Geschehnisse aufzugreifen).
Ähnlich funktioniert das auch bei Fachartikeln. Zwar können Sie einen gedruckten Artikel keinem anderen Magazin anbieten, das ist nicht nur schlechter Stil, sondern hilft Ihnen in Ihrem Expertenauftritt auch nicht weiter. Sie können den Artikel allerdings wiederverwerten, indem Sie das gleiche Thema mit einem neuen Aufhänger anlegen, es anders zuspitzen und weitere Aspek-

te hinzufügen, dafür einige Punkte streichen, und schon haben Sie einen neuen Artikel bei halbem Aufwand.

3. Pflegen Sie die Kontakte zu Redakteuren und Veranstaltern wie Ihre Kundenkontakte!
Wenn Ihr Vortrag beim Publikum gut angekommen ist, erinnert sich auch der Veranstalter an Sie. Kontaktieren Sie ihn wieder, wenn Sie etwas Neues zu Ihrem Thema sagen können – die Wahrscheinlichkeit ist hoch, dass er Sie wieder einlädt.
Das Gleiche gilt für Redakteure. Sie werden zwar nicht in zwei aufeinanderfolgenden Ausgaben der gleichen Fachzeitschrift auftauchen, aber signalisieren Sie, dass Sie als Experte für Kommentare und Einschätzungen zur Verfügung stehen. Und bieten Sie in ausreichenden Abständen immer wieder neue Themen an.

Bekannt zu werden ist ein unverzichtbarer Bestandteil der Sogmarketing-Strategie. Sie können noch so schönes Infomaterial haben, klare und spannende Texte, eine attraktive Internetseite und einen hervorragenden Job machen – es nützt Ihnen nichts, wenn niemand davon weiß. Deshalb gilt: Lieber weniger, dafür aber regelmäßig Bekanntheitspunkte sammeln.

4.2 7 Tricks, um in die Medien zu kommen

Einige Handgriffe der Pressearbeit lassen sich schnell umsetzen – und sind auch für PR-Neulinge machbar. Die Augen nach gefragten Themen offenhalten, auch

an renommierte Medien locker herantreten, bei alldem natürlich bleiben – das klappt auch im stressigen Arbeitsalltag.
Ihr Erfolg bei den Medien basiert letztlich auf ganz ähnlichen Grundlagen wie Ihr Erfolg bei den Kunden: Es geht darum, dass Sie attraktiv sind. Haben Sie etwas Spannendes zu sagen? Sind Sie wirklich der Experte für Ihr Thema? Kennen Sie die Probleme der Zielgruppe und entsprechende Lösungen?

Was haben Sie zu sagen? Themensammlung

Alle Medienarbeit beginnt damit, mögliche Themen zu sammeln. Aber wurde nicht schon alles irgendwie irgendwann gesagt? Vielleicht, aber die Dinge entwickeln sich weiter. Halten Sie also Ausschau nach spannenden Themen für Ihr Aufgabengebiet – und pflegen Sie Ihre Themensammlung kontinuierlich: Immer wenn Sie eine neue Idee haben, ergänzen Sie die Liste. Lassen Sie auch Platz für unausgereifte Gedanken, später werden diese vielleicht gebraucht oder bringen Sie auf weitere Aspekte.
Fragen, die Ihnen bei der Themensammlung helfen können:

- Was sind die drei wichtigsten Leidensdruckthemen Ihrer Zielgruppe?
- Welche drei Probleme Ihrer Kunden können Sie lösen?
- Welche Erfolgsgeheimnisse gibt es in Ihren Beratungsthemen?
- Welches sind die drei erfolgreichsten Projekte, die Sie umgesetzt haben?

- Was machen Ihre Kunden und Ihre Zielgruppe und sogar Ihre Mitbewerber immer wieder falsch?
- Gibt es aktuelle Themen und Trends in Ihrem Bereich? Wie sieht Ihre Meinung dazu aus?
- Formulieren Sie fünf provokative Thesen zu Ihrem Thema!
- Was schreiben Ihre Mitbewerber? Welche Aspekte können Sie daraus aufgreifen und weiterführen, vielleicht widerlegen oder anders angehen?
- Was bedeutet die aktuelle wirtschaftliche Lage für Ihre Zielgruppe, was sollte sie jetzt beachten?

Im nächsten Schritt können Sie die gesammelten Themen gruppieren und die wichtigsten auswählen. Konzentrieren Sie sich nun auf zwei oder drei, die Sie als Erstes angehen wollen, indem Sie diese prüfen:

1. Ist es *relevant*? Bringt das Thema den Lesern in der aktuellen Situation einen konkreten Nutzen?
2. Ist es *neu*? Sind die Aspekte, die Sie zu dem Thema erwähnen, wirklich neu *und* interessant?
3. Ist es *zielgerichtet*? Trägt das Thema zu Ihrer Positionierung bei? Vermittelt es Ihre Botschaft?

Aller Anfang muss nicht schwer sein

Wer mit Öffentlichkeitsarbeit anfängt, sollte sich erst kleinere Medien vornehmen, die von der Zielgruppe gelesen werden. Denn die Auflage ist gar nicht so entscheidend: Wenn eine spezielle Fachzeitschrift nur 5.000 Exemplare verbreitet, aber in Ihrer Branche gelesen wird, liegen Sie genau richtig! Meist ist es einfacher, hier ein Thema unterzubringen als in den großen Medien – vorausgesetzt, Sie haben einen spannenden Vorschlag.

Zwei Möglichkeiten für den ersten Schritt in die Medien sind Branchenmagazine und regionale Medien:
Mit welchen Branchen arbeiten Sie und wie heißen die entsprechenden Fachmedien? Wenn Sie Kommunikationstraining für Callcenter bieten, versuchen Sie es mit *TeleTalk*. Coachen Sie Ingenieure in der Chemie-Industrie, gibt es die *CHEMIE TECHNIK*. Denn attraktiv sind Sie zunächst für die Medien, in deren Branche Sie Erfahrung haben und aus der Sie in Ihrem Artikel praktische Beispiele beschreiben können. Wenn Sie bereits mehrere Artikel veröffentlicht haben und für Ihre Tätigkeit neue Branchen erschließen wollen, kann Sie Ihr Weg dorthin auch über die entsprechenden Branchenmagazine führen. Denn sobald Sie eine Publikationsliste vorzuweisen haben, öffnet sich die Tür zu allen anderen Medien gleich viel leichter!
In welcher Region sitzt Ihr Unternehmen und wo arbeiten Sie häufig? Regionale Wirtschaftsmagazine und lokale Tagespresse sind oft gute Ansprechpartner. Schauen Sie zum Beispiel im entsprechenden IHK-Magazin, ob dort Namensartikel veröffentlicht sind; und manchmal gibt es auch die Möglichkeit, einen Kurzbericht über ein Unternehmen unterzubringen.

So finden Sie heraus, ob eine Zeitschrift zu Ihnen passt!

- Recherchieren Sie, welche Fachmedien es in der jeweiligen Branche oder Region gibt.
- Besorgen Sie sich Exemplare dieser Zeitschriften.
- Prüfen Sie, ob es eine Rubrik für Ihr Thema gibt. Für die meisten Trainer ist es die Rubrik Management.
- Erscheinen in der Zeitschrift Namensartikel?

- Gefällt Ihnen die Vorstellung, in dieser Zeitschrift zu stehen?
- Welcher Themenzuschnitt wäre für diese Zeitschrift interessant?

Wie verkaufen Sie's der Redaktion?

Wenn Sie den Auftrag von einem Kunden haben wollen, müssen Sie ihn erst einmal überzeugen. Wenn Sie einen Artikel platzieren wollen, müssen Sie den Redakteur überzeugen! Da hilft es, sich im Vorfeld kurz Gedanken über dessen Interessen zu machen. Was ist *sein* Leidensdruck? Er will ein gutes Heft für die Leser machen und den Ruf als Fachmagazin unterstützen. Dafür braucht er spannende Themen, neue Informationen, gut geschriebene Artikel, praktischen Wert für seine Leser. Gleichzeitig bekommt er eine Flut an Themenangeboten und muss die geeigneten auswählen – und zwar schnell, denn meist ist der Zeitdruck in Redaktionen groß.

Wie man es einem Redakteur leicht macht:

- Ein spannendes Thema anbieten
- Einen knackigen Titel als Aufmacher wählen
- Die neuen Aspekte des Themas hervorheben
- Die Relevanz für die Leser aufzeigen
- Ein kurzes Themenangebot machen, in dem die wesentlichen Aspekte des Artikels auf den Punkt gebracht werden
- Der E-Mail mit dem Themenangebot einen aussagekräftigen Betreff geben

Reichen Sie also ein ebenso spannendes wie aussagekräftiges Themenangebot ein. Und vergessen Sie nicht, eine kurze und knackige Autoreninformation beizufügen. Grundlage dafür ist natürlich wieder Ihre Botschaftslinie! Es ist übrigens nicht üblich, fertige Artikel einzusenden. Diese zu prüfen kostet den Redakteur unnötig Zeit und signalisiert auch, dass Sie selbst nichts Besseres zu tun haben, als auf gut Glück Artikel zu verfassen. Geschickt ist es auch, vorab zu klären, wie lang der Artikel sein soll (in Zeichen inklusive Leerzeichen) und was der Redaktion dabei wichtig ist.

Wie aber spitzen Sie Ihr Thema zu und entwickeln daraus einen ansprechenden Themenvorschlag? Nehmen Sie sich Ihre Themenliste vor: Gibt es einen aktuellen Anlass, den Sie für ein Thema heranziehen können? Was beschäftigt Ihre Kunden zurzeit besonders? Welche Probleme haben sie? Und wo können Sie helfen und wirklich etwas beitragen?

Wie kann so ein Themenvorschlag aussehen? Vortragsredner Dimitrios Zlatanidis hat zum Beispiel folgenden entwickelt:

Was Unternehmer vom kleinen Italiener um die Ecke lernen können

Nur jeder vierte Deutsche hat einen Hausarzt, aber jeder zweite einen Lieblingsitaliener – das stellte bereits Helmut Schmidt fest. Der Italiener um die Ecke – nennen wir ihn Luigi – hat ganz offensichtlich ein paar Erfolgsgeheimnisse, die seine Gäste begeistern und immer wieder zu ihm führen.

Drei Fragen sind ihm dabei besonders wichtig:

- *Fühlen sich die Kunden wohl?*
- *Bietet er ihnen das, womit er sich wirklich auskennt?*
- *Sind seine Kellner mit Leidenschaft dabei?*

Was auch Unternehmer von seinen Erfolgsgeheimnissen lernen können, um ihre Marktposition zu stärken, das erklärt Dimitrios Zlatanidis in seinem Artikel.

Ein Hauptanliegen der Kunden ist es, die Marktposition zu stärken. Den „kleinen Italiener um die Ecke" nun nicht nur als Unternehmer zu sehen, sondern ihn auch als Vorbild zu nehmen, das ist neu – und spannend: Was hat Luigi denn zu bieten?
Bedenken Sie aber: Nicht jeder Themenvorschlag wird angenommen. Denn es ist üblich und verständlich, dass Redakteure sehr genau prüfen und Angebote ablehnen. Kein Grund also, schnell aufzugeben. Rechnen Sie ruhig mit drei bis zehn Versuchen, bis ein Artikel platziert ist.

Meine Themen werden immer wieder abgelehnt – was mache ich falsch?

- Hat Ihr Thema vielleicht werbliche Aspekte? Fachartikel müssen *fachliche* Beiträge sein und dürfen keine Werbung enthalten. Die einzige Werbung, die Sie davon haben, besteht darin, einen kompetenten Beitrag zu verfassen und Ihren Namen darunterzusetzen.
- Enthält Ihr Thema wirklich neue Aspekte? Bietet es der Zielgruppe der Zeitschrift wirklich einen Nutzen? Längst bekannte Zusammenhänge und oft gehörte Hinweise interessieren nicht.
- Versuchen Sie es bei den richtigen Medien? Wenn Sie ständig Absagen erhalten, greifen Sie vielleicht zu hoch. Fangen Sie bei kleinen Fachmagazinen mit niedriger Auflage an.
- Nicht alle Zeitschriften veröffentlichen sogenannte Namensartikel, einige Medien arbeiten nur mit Beiträgen aus der eigenen Redaktion. Das erkennen Sie aber leicht, wenn Sie ein Exemplar der Zeitschrift durchblättern.

Was ist gefragt? Themenpläne beobachten

Die Medien machen es Ihnen im Grunde einfach, herauszufinden, was wann gefragt ist, indem sie Themenpläne herausgeben. Darin steht, welche Themenschwerpunkte für welche Ausgabe geplant sind. Sie brauchen also nur nachzusehen, wann Ihr Thema dran ist, und Ihren Vorschlag rechtzeitig einzureichen. Wenn Sie zum Beispiel Führungstrainer sind und eine Personalzeitschrift im Herbst das Thema Personalführung bringt: Schlagen Sie zu.

Sie können sogar Ihre PR danach planen. Besorgen Sie sich immer die Themenpläne für die Zeitschriften, die für Sie interessant sind, und legen Sie danach fest, für welche Ausgaben Sie etwas vorschlagen möchten. Vergleichen Sie die Themenpläne auch mit Ihrer Themenliste: Was passt wozu am besten? Wozu können Sie Neues beitragen? Wie können Sie Ihre Botschaft attraktiv für das Medium aufbereiten?

Kompetenz im Netz – online publizieren

Eine gute Möglichkeit, die eigene Bekanntheit zu erhöhen, sind Online-Magazine. Der Vorteil: Ihr Name wird im Internet präsenter, und wer Ihren Namen in einer Suchmaschine eingibt, um Ihre Homepage zu finden, „stolpert" gleich noch über ein paar Links zu Fachartikeln. Ein perfekter Hinweis auf Ihren Expertenstatus!

Es gibt zwei Arten von Portalen: solche, bei denen Sie sich meist kostenlos registrieren und selbst Beiträge einstellen können, zum Beispiel brainguide.de und competence-site.de, und solche, die Beiträge redaktionell prüfen, bevor sie veröffentlicht werden, wie foerderland.de und business-wissen.de.

Für Online-Artikel gilt das Gleiche wie für gedruckte Beiträge: Sie müssen spannend sein, neue Aspekte aufzeigen und dem Leser einen Nutzen bieten. Nur dann eignen sie sich, Ihren Status als Experte zu fördern. Und gerade wenn keine Redaktion Ihren Beitrag prüft, sollten Sie selbst umso strenger darauf achten.

Präsenz im Netz

Was sagt Google über Sie? Sie können davon ausgehen, dass viele Ihrer Kunden vor dem Auftrag nach Ihnen suchen werden. Deshalb ist es gut zu wissen, was die meistgenutzte Suchmaschine unter Ihrem Namen ausgibt! Steht an erster Stelle Ihre Homepage, gefolgt von einigen Links zu Ihren Fachartikeln und einem Forum, auf dem Sie als Redner eingeladen waren? Wunderbar. Nicht so gut dagegen, wenn die ersten Treffer auf Seiten verweisen, die zu Personen mit dem gleichen Namen gehören, oder – noch schlimmer – wenn hier völlig andere Themen, private Auftritte oder halbseriöse Inhalte auftauchen. Denn woher soll jemand, der Sie nicht kennt, wissen, ob Sie dahinterstecken oder ein Namensvetter? Ebenso ungeschickt ist es, wenn Ihre privaten Inhalte im Internet vor Ihren geschäftlichen Einträgen stehen. Aber das lässt sich ändern!

Pflegen Sie Ihr Online-Profil sehr sorgfältig. Suchmaschinenoptimierung, kurz SEO (für Search Engine Optimization), ist nicht umsonst ein wichtiges Thema in der Internetwelt. Aber so viel Aufwand müssen Sie gar nicht betreiben, denn während professionelle SEO darauf ausgerichtet ist, eine bestimmte Seite bei der Suche nach einem Begriff möglichst weit oben in der Trefferliste anzuzeigen, geht es Ihnen ja vor allem um die Trefferliste zu Ihrem eigenen Namen.

Einen Beitrag dazu können die klassischen Netzwerk-Plattformen leisten. Die auf dem deutschen Markt wichtigste ist sicherlich XING. Darüber hinaus gibt es aber auch andere wie LinkedIn und Themenportale wie internations.org. Sie müssen nicht in allen auftauchen, aber ein gepflegtes XING-Profil ist in den Suchmaschinen gut sichtbar. Außerdem verrät ein Eintrag über Sie hier noch einmal andere Aspekte als Ihre Homepage. Was dabei zählt: Bringen Sie Ihre Botschaft unter (mit den Feldern „Ich suche", „Ich biete" und „Interessen") und stellen Sie ein professionelles Foto dazu (keinen Urlaubsschnappschuss). Gleiches gilt für die Profile Ihrer Mitarbeiter, der festen und freien Trainer, die unter Ihrem Firmennamen auftreten.

Zudem gibt es eine Vielzahl von Plattformen, die eher dazu geeignet sind, private Kontakte zu pflegen: Facebook, Lokalisten, studiVZ etc. Sie sind schon deshalb nicht für geschäftliche Zwecke zu gebrauchen, weil Sie nur bedingt beeinflussen können, was andere über Sie posten, auf welchen Fotos und Videos Sie markiert werden und welche Kommentare man Ihnen schreibt. All das würde wiederum für Ihr Netzwerk sichtbar werden.

Es spricht nichts dagegen, dass Sie auch privat im Internet präsent sind, und Ihren Mitarbeitern können Sie das nicht verbieten. Es gibt aber Grundregeln, die Sie beachten sollten:

1. Trennen Sie private und geschäftliche Auftritte. Mischen Sie keine beruflichen Botschaften und Job-Kontakte in Ihre privaten Netzwerke und fordern Sie das auch von Ihren Mitarbeitern ein.

2. Machen Sie Ihre privaten Einträge nicht der breiten Öffentlichkeit zugänglich; nutzen Sie die „Privatsphäre"-Einstellungen der jeweiligen Plattform, um die Sichtbarkeit einzuschränken. So finden auch Suchmaschinen nicht so leicht Ihre Urlaubsbilder.

Überprüfen Sie Ihre Online-Präsenz

- Sorgen Sie dafür, dass in Suchmaschinen Ihre geschäftlichen Treffer vor den privaten stehen.
- Pflegen Sie Ihre Profile.
- Veröffentlichen Sie in Foren, Presse-Portalen und Online-Medien Beiträge mit Ihrem Namen.
- Nennen Sie online so oft wie möglich die URL Ihrer Unternehmens-Homepage.
- Setzen Sie die Einstellungen zur Privatsphäre für private Einträge auf „hoch".
- Machen Sie Ihre geschäftlichen Profile bei XING, LinkedIn etc. öffentlich zugänglich – dann werden Sie auch von Suchmaschinen gefunden.

Etwas zu sagen haben: Leserbriefe

Leserbriefe sind eine schöne Ergänzung zu Fachartikeln; sie unterstützen die Bekanntheit und signalisieren Kompetenz. Ein Leserbrief bietet außerdem die Möglichkeit, einen Aspekt des Themas hervorzuheben, der bisher nur wenig beachtet wurde, aus Ihrer Sicht aber wichtig ist.

Vor allem wenn Sie unsicher sind, wie Sie einen Fachartikel schreiben und platzieren, ist ein Leserbrief ein guter Anfang für Ihre Medienarbeit. Sie können eine klare Meinung äußern und provokativer sein als im Fachartikel. Leserbriefe werden gerade deshalb gerne gelesen, weil sie oft kritischer sind als Artikel.

Nachteilig ist allerdings, dass der Leserbrief umgehend auf einen Artikel Bezug nehmen sollte. Deshalb lassen sich Leserbriefe schlecht planen. Und Sie haben keine Garantie, dass er abgedruckt wird – im Gegensatz zum Artikel, wenn er mit der Redaktion vereinbart wurde. Auch bei Leserbriefen können also einige Versuche notwendig sein, bevor einer tatsächlich erscheint. Beiträge und Kommentare zu Online-Artikeln sind ebenfalls Leserbriefe – und ein Weg, kompetent aufzutreten.

Wichtig: Je kürzer der Leserbrief, desto eher wird er gedruckt und gelesen. Es gilt daher, sich auf das Relevante zu konzentrieren und es sachlich, aber zugespitzt auf den Punkt zu bringen. Dass auch ein seriöser Leserbrief keine Eigenwerbung enthalten darf, versteht sich.

All diese Einstiegsinstrumente erleichtern auch weniger Erfahrenen die PR-Arbeit und den Schritt, das Thema „Bekanntheit“ anzugehen. Langfristig können sie eine systematische Medienarbeit allerdings nur ergänzen und unterstützen, aber nicht ersetzen.

Bekannt werden ist als dritter Baustein der Sogstrategie unverzichtbar – und auch für PR-Anfänger machbar. Es gilt, kontinuierlich dranzubleiben und lieber weniger, dafür aber regelmäßig etwas dafür zu tun. Der Erfolg zeigt sich nach zwei bis drei Jahren in Form eines Nachfragesogs. Bekannt werden können Sie vor allem über drei Wege: Printmedien, Internet und persönlich auf Veranstaltungen. Doch immer gilt das gleiche Prinzip wie gegenüber Ihren Kunden: Sie müssen es schaffen, attraktiv zu sein – und zu bleiben.

Die Autoren

Miriam Bauer ist freie Marketingberaterin im Team Giso Weyand. Davor war sie fünf Jahre lang verantwortlich für Marketing und PR in Trainingsunternehmen: Sie leitete die Kommunikationsabteilung der ICUnet.AG, dem Marktführer für interkulturelle Beratung, und gestaltete das Marketing im FranklinCovey Leadership Institut, dem deutschen Anbieter der Stephen-Covey-Programme.
Weitere Infos: www.teamgisoweyand.de

Giso Weyand gehört zu den profiliertesten Experten für Trainer, Berater und Coachs. Seit 1997 unterstützt er sie bei deren Marketing – vom Finden einer Marktnische bis zur Platzierung von Artikeln und Büchern. Die eigene Publikationsliste des „Berater-Beraters" umfasst mehr als 50 Bücher und Artikel für Berater.
Weitere Infos: www.teamgisoweyand.de

Weiterführende Literatur

- Schneider, Wolf: *Deutsch! Das Handbuch für attraktive Texte.* 3. Auflage. Berlin: Rowohlt 2007.
- Schneider, Wolf: *Deutsch für Profis. Wege zu gutem Stil.* 16. Auflage. München: Goldmann 2001.
- Weaver, Kimberlee et al.: *Inferring the popularity of an opinion from its familiarity: A repetitive voice can sound like a chorus* (*Von der Vertrautheit einer Ansicht auf ihre Bekanntheit schließen: Die Wiederholung einer Stimme kann wie ein Chor klingen*), in: Journal of Personality and Social Psychology 92/Mai 2007, S. 821-833.
- Weyand, Giso: *Praxisbuch Beratermarketing. Insider-Strategien für Berater, Trainer und Coachs.* München: mi 2010.
- Weyand, Giso (Hrsg.): *Das gewisse Extra. Beratermarketing für Fortgeschrittene.* Bonn: managerSeminare 2008.
- Weyand, Giso: *Die 250 besten Checklisten für Berater, Trainer und Coachs.* München: mi 2008.
- Weyand, Giso: *Sog-Marketing für Coaches. So werden Sie für Kunden und Medien (fast) unwiderstehlich.* Bonn: managerSeminare 2007.

Register